できるポケット

最強のメモ術

OneNote
ワンノート

全事典

OneNote for Windows 10
& iPhone/Android 対応

株式会社インサイトイメージ & できるシリーズ編集部

インプレス

本書の読み方

本書では OneNote について、ビジネスシーンで役立つワザを網羅しています。パソコン向けアプリは Windows 10、モバイルアプリは iPhone XS または Google Pixel 3a の画面を例に解説しており、さまざまな場面で OneNote を使いこなせるようになります。

対応 OS

利用できる OS を表します。365 は Office 365 を契約中の Microsoft アカウントでサインインしている OneNote のみで利用できます。

動画で見る

ワザで解説している操作を動画で見られます。

チェックマーク

ワザを「覚えた」ときや「試した」ときにマークを付けます。

手順

手順見出し

おおまかな操作の流れが理解できます。

解説

操作の前提や意味、操作結果に関して解説しています。

操作説明

「○○をクリック」など、それぞれの手順での実際の操作です。番号順に操作してください。

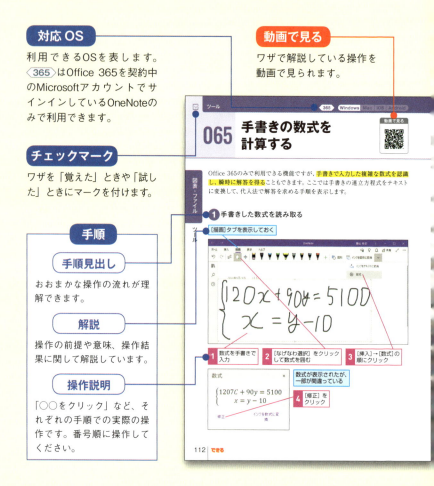

できるネット解説動画にアクセス！

本書のいくつかのワザには、画面の動きがそのまま見られる動画コンテンツを用意しています。各ワザに記載しているQRコードをスマートフォンで読み取るか、以下のURLからアクセスしてください。

▼ 本書の動画一覧ページ
https://dekiru.net/onenote2019

必修

ビジネスシーンで実践する機会が多い、すべての人に覚えてほしいワザです。

ポイント

操作の注意点や補足情報を解説します。

ショートカットキー

ワザの中で使えるWindowsのショートカットキーを紹介しています。

関連

似た場面で利用できるワザを紹介しています。

※ここに掲載している紙面はイメージです。実際のワザのページとは異なります。

目次

本書の読み方 ……………………………………………………………………… 2
付録 アプリのインストールとEvernoteからの移行 ……………………… 235
索引 ……………………………………………………………………………… 236

第1章	基本操作		9
概要	001	OneNote とは	10
	002	OneNote を使えるデバイス	12
	003	記録できるメモの種類	14
	004	ノートブック、セクション、ページの役割	16
サインイン	005	Windows アプリの起動と初期設定	18
表示	006	リボンの基本操作	20
	007	画面表示の基本操作	21
	008	ナビゲーションの基本操作	22
設定	009	複数アカウントでのサインイン	24
	010	OneNote の設定とオプション	26

第2章	メモの作成		29
ページ	011	ページのタイトルを入力する	30
	012	ページにテキストのメモを入力する 動画	31
	013	新しいページを追加する	32
ノートコンテナー	014	ノートコンテナーを削除する	33
	015	ノートコンテナーを移動する	34
	016	ノートコンテナーを結合する	35
	017	ノートコンテナーを分割する	36
	018	ノートコンテナーの幅を調整する	37
	019	ノートコンテナーをコピー&貼り付けする	38
	020	複数のノートコンテナーを選択する	40
書式	021	太字・斜体・下線を適用する	41
	022	フォントやサイズ、色を変更する	42

4 **できる**

書式	023	見出しなどのスタイルを適用する	44
	024	箇条書きにする	45
	025	段落番号を付ける	46
	026	段落の位置を調整する	47
	027	書式のみをコピー＆貼り付けする	48
	028	蛍光ペンを引く	49
	029	上付き・下付きにする	50
	030	取り消し線を引く	51
	031	中央揃え・右揃えにする	52
	032	すべての書式をクリアして標準に戻す 動画	53
Cortana	033	Cortana を使ってメモを作成する	54
メール	034	メールを保存する	56

第3章　図表・ファイル　　57

画像	035	ページに画像を挿入する	58
	036	ドラッグ＆ドロップで画像を挿入する	61
	037	インターネットから画像を挿入する	62
	038	スクリーンショットを撮影して挿入する	63
	039	画像内の文字をテキストに変換する 動画	64
動画	040	ページに動画を挿入する	66
代替テキスト	041	画像や動画に代替テキストを設定する	68
表	042	ページに表を挿入する	69
	043	表のレイアウトと色を編集する	70
	044	マウスを使わずに表を挿入・編集する 動画	72
	045	Excel の表を貼り付ける	74
	046	表のデータを並べ替える	75
ファイル	047	ページにファイルを添付する	76
	048	OneDrive にファイルをアップロードして埋め込む	78
	049	OneNote からファイルをパソコンに保存する	81
	050	ファイルの印刷イメージを挿入する	82
手書き	051	手書きでメモをとる	84
	052	手書きのメモを削除する	86
	053	手書き用のペンを追加する	88
	054	手書きのメモをテキストに変換する 動画	90

できる | 5

手書き	055	手書きのメモを図形に変換する	92
	056	ページを全画面表示にする	93
図形	057	図形を挿入する	94
	058	図形の重なり順を変更する	96
	059	スペースを挿入・削除する	97
オーディオ	060	音声を録音しながらメモをとる	100
Webへのリンク	061	Webページへのリンクを挿入する	103
Webノート	062	Webページに手書きのメモを加えて保存する	104
Clipper	063	Webページの内容をさまざまな形式で保存する	107
数式	064	入力した数式を計算する	110
	065	手書きの数式を計算する 動画	112
翻訳	066	英語を日本語に翻訳する	116
記号・ステッカー	067	記号や特殊文字、ステッカーを挿入する	118

第4章　ノートの整理　119

ページ	068	ページを並べ替える	120
	069	ページを削除する	121
	070	削除したページを元に戻す	122
	071	ページの内容を復元する	124
	072	ページに色を設定する	126
	073	ページに罫線を表示する	127
	074	ページを階層化する	128
セクション	075	新しいセクションを追加する	129
	076	セクション名を変更する	130
	077	セクションの色を変更する	131
	078	セクションを並べ替える	132
	079	セクショングループを作成する	133
	080	セクションをパスワードで保護する 動画	134
テンプレート	081	テンプレートを設定する	137
ノートブック	082	新しいノートブックを追加する	138
	083	ほかのデバイスで作成したノートブックを開く	140
	084	ノートブックを最新の状態に同期する	142
	085	ノートブックにニックネームを付ける	143
	086	ノートブックを閉じる	144

ウィンドウ	087	新しいウィンドウを開く		145
ページの移動	088	ページを別のセクションやノートブックに移動する		146
ページへのリンク	089	ほかのページへのリンクを挿入する		148
ショートカット	090	特定のページをスタートメニューに表示する		150
ノートシール	091	ノートシールを付ける		152
	092	ノートシールを削除する		153
	093	ノートシールでタスクを管理する	動画	154
	094	新しいノートシールを作成する		156
検索	095	すべてのページを対象に検索する		158
	096	検索する対象を絞り込む		159
	097	ノートシールを検索する		160
履歴	098	最近使ったページを参照する		161
エクスポート	099	ページを印刷する		162
	100	ページを PDF ファイルとして保存する		164
アクセシビリティ	101	ページの不備をチェックする		166
再生	102	ページの内容を順番に表示する		167
イマーシブリーダー	103	ページの内容を音声で読み上げる		168
会議の詳細	104	Outlook の予定と連携する		170
Web 版	105	Web 版の OneNote でノートブックを確認する		172
共有	106	ほかの人とノートブックを共有する		174
	107	共有されたノートブックを編集する		175
	108	ノートブックの共有権限を変更する		176
	109	ノートブックを共有するリンクを作成する		177
OneDrive	110	ノートブックを削除する		178

第5章 モバイルアプリ 179

サインイン	111	モバイルアプリの起動と初期設定		180
ノートブック	112	セクションやページを確認する		182
	113	最近使ったページを参照する		184
	114	ノートブックを最新の状態に同期する		185
セクション	115	セクションの保護を顔認証で解除する	動画	186
ページ	116	新しいページを追加する		188
	117	タスクリストを作成する	動画	190

画像	118	写真を撮影してページに挿入する	192
	119	保存されている写真をページに挿入する	194
オーディオ	120	音声を録音する	196
手書き	121	手書きでメモをとる	197
Webの記録	122	Webページの内容を保存する	200
ページの移動	123	ページを別のセクションやノートブックに移動する	202
付箋	124	付箋でメモをとる	204
検索	125	すべてのページを対象に検索する	206
ファイル	126	OneDriveにあるファイルを添付する	207
OneNoteバッジ	127	OneNoteバッジからメモをとる	210

第6章　ビジネス活用　213

議事録の作成	128	音声と写真も記録して完全な議事録を作る	必須 214
名刺の管理	129	名刺のデジタル化で探すイライラを解消	必須 217
備品の管理	130	ECサイトのブックマークで備品の注文を効率化	220
商談での活用	131	情報を1つに集約すれば取引先訪問で慌てない	必須 222
出張での活用	132	出張のすべてを記録して移動や後処理をラクに	224
資料への書き込み	133	タブレット＋手書きで修正指示がはかどる	226
資料の共有	134	タスクと埋め込み資料でプロジェクト管理を促進	228
資料の保管	135	書類は画像やPDFにして紙を処分すればスッキリ	必須 230
記録の自動化	136	「いいね」したツイートを自動保存して情報収集を加速	232

本書に掲載されている情報について

● 本書で紹介する情報は、すべて2019年8月現在のものです。

● 本書では「Windows 10」と「OneNote for Windows 10」がインストールされているパソコンで、インターネットに常時接続されている環境を前提に画面を再現しています。

● 「Office 365」は2020年4月をもって「Microsoft 365」に改称されています。

「できる」「できるシリーズ」は、株式会社インプレスの登録商標です。
本書に記載されている会社名、製品名、サービス名は、一般に各開発メーカーおよびサービス提供元の登録商標または商標です。なお、本文中には™および®マークは明記していません。

第1章

基本操作

使い始める前に知りたい情報をまとめて把握

本章では「OneNoteで何ができるのか」というアプリについての知識から、実際に起動・サインインする方法まで、使う前に知っておきたい基本操作を紹介します。

概要 | Windows | Mac | iOS | Android

001 OneNoteとは

議事録や打ち合わせのメモ、名刺などの連絡先情報、企画のアイデア、参考になるWeb記事など、ビジネスシーンのあらゆる情報をデジタル化して記録できるアプリが「OneNote」です。その特徴を見ていきましょう。

さまざまな用途で使えるデジタルノートアプリ

<mark>OneNoteの最大の特徴は、自由度の高さ</mark>にあります。キーボードを使ってテキストを書き込めるのはもちろん、マウスやデジタルペン、指を使って手書きメモを作成できるほか、画像や音声を貼り付けることも可能です。OneNoteは幅広いシーンで使えますが、ビジネスシーンで特に有効で、仕事上で覚えておくべきことを気軽にメモできるほか、ToDoリストの記録から議事録の作成、さらには名刺の管理まで、さまざまな用途で使えます。

◆OneNoteのWindowsアプリ

テキスト、画像、音声などを組み合わせて、さまざまな情報を記録できる

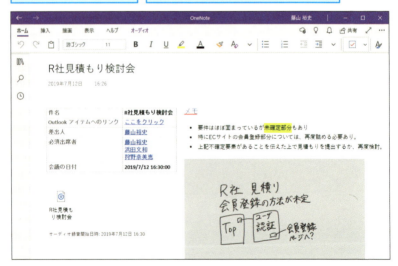

無料で使えて、Windows 10はインストールも不要

OneNoteはビジネススイートの定番である「Microsoft Office」に含まれるアプリの1つですが、WordやExcel、PowerPointなどとは異なり、無料で提供されています。また、Windows 10には標準でインストールされているので、すぐに利用できます。Windows 7/8.1ではマイクロソフトのWebサイトから、Macでは「Mac App Store」からインストールしましょう。モバイルアプリは本書の付録（P.235）に掲載しているQRコードから、iPhone/iPadなら「App Store」、Androidなら「Google Play」にアクセスしてダウンロードしてください。

Windowsアプリはスタートメニューから起動できる

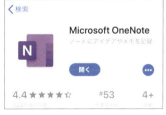

iPhoneアプリは「App Store」からダウンロードできる

> **ポイント**
> - 前バージョンである「OneNote 2016」と比べると、現バージョンは機能が絞り込まれシンプルで使いやすくなっています。
> - OneNote 2016で作成したデータ（ノートブック）は引き続き利用できます。

概要　　　　　　　　　　　　　　　　　　　　　Windows | Mac | iOS | Android

002　OneNoteを使える デバイス

OneNoteはパソコンのほか、スマートフォンやタブレットでも使えます。アプリがない環境でもWebブラウザーから利用できるため、いつでもメモを作成したり、以前に作成したメモの内容を参照したりできます。

自由自在に操作可能なパソコン向けアプリ

OneNoteはWindowsとMacの両方のパソコンで使えます。このパソコン向けアプリのメリットとして挙げられるのが、ほかのアプリの画面を見ながらメモを作成できることでしょう。例えば、ディスプレイの左側にOneNote、右側にブラウザーを配置し、Webページの内容をチェックしながらメモを作成できます。また、すべての機能を網羅しているため、OneNoteの機能をフルに使えます。じっくり腰を据えてメモを作成するときには、パソコン向けアプリが最適です。

◆OneNoteのMacアプリ　　Windowsアプリと同様の機能が無料で利用できる

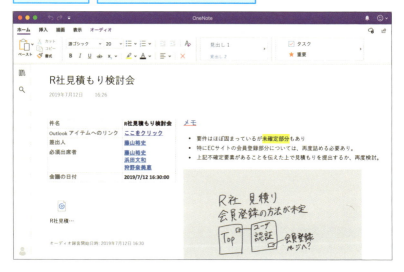

外出先で同期して使えるモバイルアプリ

スマートフォンやタブレット向けのOneNoteもあります。OneNoteはマイクロソフトの会員サービスである「Microsoftアカウント」でサインインして利用しますが、パソコン向けアプリとモバイルアプリに同じアカウントでサインインすると、<mark>すべてのメモが同期してパソコンとスマートフォンのどちらでも見られる</mark>ようになります。これにより、オフィスのパソコンで作成したメモをスマートフォンでチェックする、外出中に記録したアイデアを帰社後に確認して具体化を検討する、といった使い方ができるようになります。

◆OneNoteの
iPhoneアプリ

◆OneNoteの
Androidアプリ

複数の端末で同じメモを
いつでも参照できる

ブラウザーのみでアクセスできるWeb版

Microsoft Edgeなどのブラウザーで専用のWebサイトへアクセスしても、メモを作成したり参照したりできます。OneNoteのアプリを使えない環境でメモを見たい場面などで役立つでしょう。

> **ポイント**
> - Microsoftアカウントは、Windows 10へのサインイン時に使っているものをそのまま利用できます。OneNoteを初めて使うときに無料で取得することも可能です。
> - OneNoteには、Microsoft Officeの有償サービス「Office 365」を契約しているMicrosoftアカウントでサインインしていないと使えない機能が一部あります。

概要 | Windows | Mac | iOS | Android

003 記録できるメモの種類

テキストや画像、ファイル、音声、手書きといった、さまざまな情報をメモとして記録できることもOneNoteの大きな特徴です。あらゆる種類の情報を組み合わせて活用できます。

● テキスト

OneNoteに記録するメモで、もっとも一般的なのがテキストです。フォントの種類や大きさを変更したり、太字や斜体、下線を設定したりできるほか、==蛍光ペンを使って重要なテキストを目立たせる==こともできます。

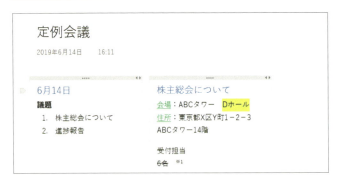

● 画像

フォルダーウィンドウから画像ファイルをドラッグ＆ドロップしたり、ブラウザーに表示されている画像をコピー＆貼り付けしたりして画像を挿入できます。==画像内の文字の抽出や検索もできます。==

● **ファイル**

フォルダーウィンドウからファイルをドラッグ＆ドロップして、WordやExcel、PowerPointなどのファイルを貼り付けられます。オンラインストレージである「OneDrive」にファイルをアップロードして、最新の内容を常に参照できるように埋め込む方法もあります。

● **音声**

OneNoteには録音機能があり、パソコンやスマートフォンのマイクを使って音声を記録できます。会議の議事録などを作成するとき、録音しながら要点をメモすることが可能です。

● **手書き**

パソコンではマウス、スマートフォンやタブレットではデジタルペン、あるいは指を使って手書きでメモを作成できます。イラストや図形をメモとして残したい場面で便利です。さらにOneNoteでは、手書きしたメモをテキストや数式、図形に変換する機能もあります。

概要　　　　　　　　　　　　　　　　　Windows | Mac | iOS | Android

004 ノートブック、セクション、ページの役割

OneNoteを利用するうえで必ず覚えておきたい、メモの階層構造について理解しましょう。紙のノートや手帳を使ってきた人なら自然に理解できる構造になっているため、パソコンやスマートフォンでも情報をまとめやすくなっています。

基本3つ、追加2つの最大5つの階層構造を作れる

OneNoteでは、基本的に「ノートブック」「セクション」「ページ」という3つの階層でメモを管理します。また、「セクショングループ」「サブページ」という階層も追加的に設定でき、最大5つの階層構造を持たせることができます。

● ノートブック

ノートブックはメモを整理するためのもっとも大きな分類であり、1冊のノートや紙の手帳に相当します。複数作成できるので、仕事用と家庭用など、メモの用途や役割に応じてノートブックを使い分けられます。

最大5つの階層でメモを管理していく

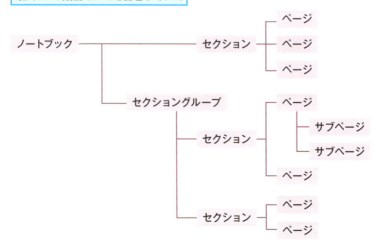

● セクション

ノートブックの中でメモを分類するための仕組みがセクションです。例えば、自分が関わっているプロジェクトのノートブックを作成し、議事録や提出する資料、重要なメールの内容などをメモとして残しておきたいとき、「議事録」や「資料」、「重要メール」のセクションを作成してメモを分類できます。さらに、複数のセクションをまとめるセクショングループも作成できます。

● ページ

実際にメモを書くのがページです。ページにはメモのタイトルを記入する欄が最上部にあり、その下にメモを作成した日時が表示されます。OneNoteのページにサイズの制限はなく、多くのメモを書き込めますが、1つのページに多くの情報を詰め込むと管理しづらくなります。異なる内容のメモを作成するときは新しいページを追加しましょう。サブページでさらに階層化することも可能です。

複数のノートコンテナーでページを構成

ページ内のテキストや画像などの要素は、「ノートコンテナー」と呼ばれる枠の中に配置されます。ノートコンテナーは自由に移動でき、大きさも変更できます。複数のノートコンテナーを組み合わせてメモを作成していきましょう。

005 Windowsアプリの起動と初期設定

Windows 10でOneNoteを起動するには、スタートメニューのアプリ一覧から選択します。Windows 10のユーザーアカウントと同じMicrosoftアカウントで自動的にサインインし、最初のノートブックが作成されます。

① OneNoteを起動する

スタートメニューを表示しておく

1 ここを下にドラッグしてスクロール

[OneNote]が表示された

2 [OneNote]をクリック

② OneNoteにサインインする

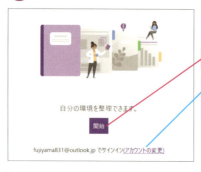

[自分の環境を整理できます]と表示された

1 [開始]をクリック

使用したいアカウントが表示されない場合は[アカウントの変更]をクリックする

❸ ノートブックを作成する

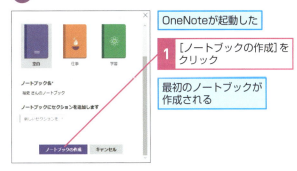

OneNoteが起動した

1 [ノートブックの作成]をクリック

最初のノートブックが作成される

スタートメニューにタイルを追加しておくと便利

Windows 10のスタートメニューには、アプリのタイルを追加してすぐに起動できるようにする「ピン留め」の機能があります。OneNoteもピン留めしておき、スタートメニューからすばやく起動できるようにしましょう。

スタートメニューを表示しておく

1 [OneNote]を右クリック

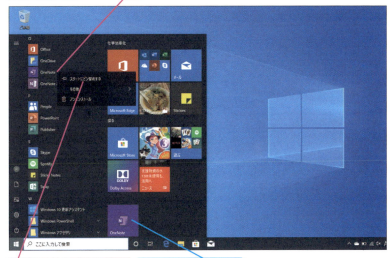

2 [スタートにピン留めする]をクリック

OneNoteのタイルが追加された

表示 | Windows | Mac | iOS | Android

006 リボンの基本操作

WordやExcel、PowerPointといったMicrosoft Officeのそのほかのアプリと同様、OneNoteも「リボン」を使ってさまざまな操作を行います。==リボンの表示・非表示の方法==を理解しておきましょう。

[ホーム]タブが表示されている　**1** [ホーム]タブをクリック

リボンが消えた　[ホーム]タブを再びクリックするとリボンが表示される

ショートカットキー

| Alt | + | H | ……………………………… [ホーム] タブを表示する
| Alt | + | N | ……………………………… [挿入] タブを表示する
| Alt | + | D | ……………………………… [描画] タブを表示する
| Alt | + | W | ……………………………… [表示] タブを表示する

☑ 表示　　　　　　　　　　　　　　　　　　　Windows | Mac | iOS | Android

007　画面表示の基本操作

OneNoteの画面は拡大・縮小できるほか、ページとメモの幅を自動的にそろえた表示も可能です。ページの端に記録した情報を見落とさなくなるほか、メモの少ないページでは余白を削って画面いっぱいに表示できます。

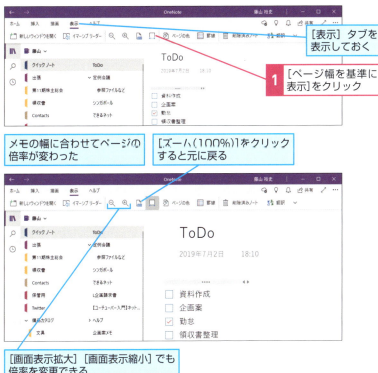

ショートカットキー

| Ctrl | + | Alt | + | Shift | + | + | ……………………… 画面表示を拡大する
| Ctrl | + | Alt | + | Shift | + | - | ……………………… 画面表示を縮小する

☑ 表示　　　　　　　　　　　　　　　　　　　　Windows | Mac | iOS | Android

008 ナビゲーションの基本操作

画面に表示するセクションやページを切り替えるには「ナビゲーション」を操作します。ページ名が見やすいように幅を変更したり、不要なときは非表示にしたりできるので、使いやすいように調整しましょう。

1 ナビゲーションウィンドウを非表示にする

1 [ナビゲーションの非表示] をクリック

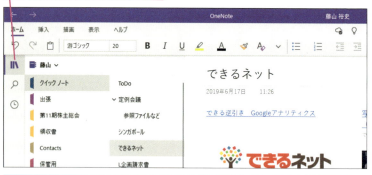

ナビゲーションウィンドウが消えた　　**2** [ナビゲーションの表示] をクリック　　再表示される

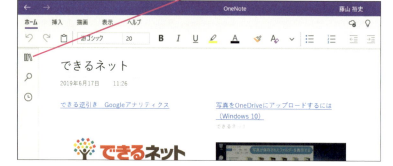

❷ ページを切り替える

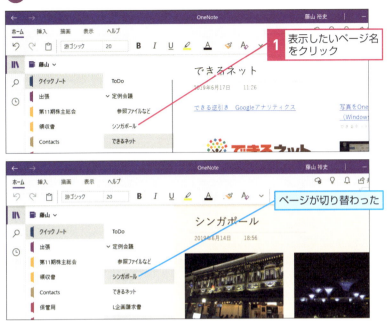

❸ ナビゲーションウィンドウの幅を調整する

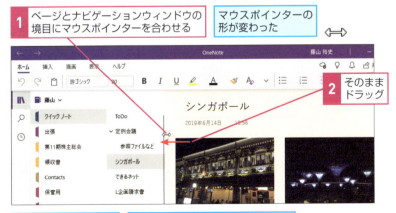

設定 | Windows | Mac | iOS | Android

009 複数アカウントでのサインイン

会社と自宅のパソコンで、別々のMicrosoftアカウントを使っているケースもあるでしょう。OneNoteに両方のアカウントでサインインすれば、どちらのパソコンでもノートブックを参照できるようになります。

仕事用と個人用のノートブックを同時に開ける

例えば、会社では支給されたOffice 365のアカウント、自宅では個人で取得したMicrosoftアカウントでWindows 10を使っている場合、標準では会社のパソコンから個人用のノートブックを参照できません。OneNoteにアカウントを追加し、最初にサインインしたものとは異なるアカウントのノートブックを開けるようにするといいでしょう。その都度アカウントを切り替える必要はなく、すべてのノートブックを同時に開いて作業できます。

1 アカウントを追加する

1 アカウント名をクリック

2 [アカウントの追加] をクリック

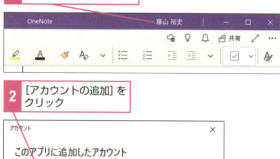

❷ サインインする

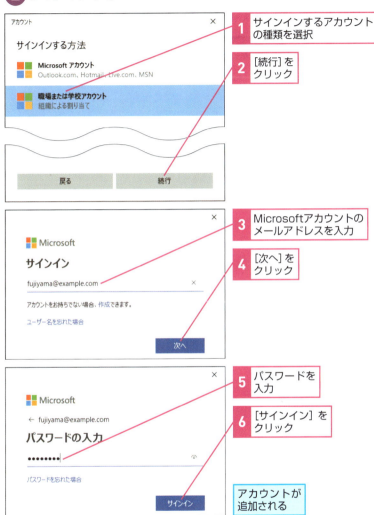

ポイント

- Macでは画面左下に表示されるアカウントのアイコンから操作します。
- iPhone/iPadではノートブックの一覧の左上に表示されるアカウントのアイコンから、Androidではメニューボタンの[設定]から[アカウント]をタップして操作します。

設定 | Windows | Mac | iOS | Android

010 OneNoteの設定とオプション

OneNoteにはさまざまな設定やオプション項目があり、これらを変更することで見た目や動作をカスタマイズできます。以下の方法で［オプション］画面を表示し、自分の使い方に合わせて変更しましょう。

1 ［設定とその他］をクリック

2 ［設定］をクリック

3 ［オプション］をクリック　［オプション］画面が表示される

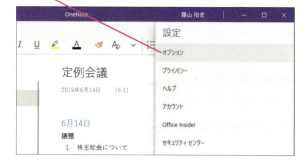

ポイント

- Macでは［OneNote］メニューの［環境設定］から操作しますが、Windowsのオプションよりも設定項目は限られています。
- iPhone/iPadではノートブックの一覧の左上に表示されるアカウントのアイコンから、Androidではメニューボタンの［設定］から［アカウント］をタップして操作しますが、同様に設定項目は限られています。

アプリの色を「ダークモード」に変更する

Windows 10の標準設定では、OneNoteのアプリは背景が白、文字色が黒の[淡色]で表示されます。これを[濃色]に設定すると、==背景が黒、文字色が白の通称「ダークモード」==になります。[Windowsモードを使用]では、Windows 10のテーマと連動してアプリの色が変化します。

1 [色]の[濃色]をクリック

OneNoteのウィンドウの色が変わった

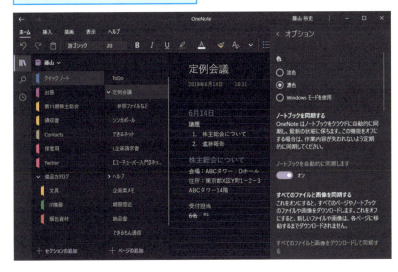

次のページに続く

よく使うノートブックを「クイックノート」に設定する

外部のアプリなどからメモを記録したとき、標準の保存先となるノートブックを「クイックノート」と呼びます。オプションで1つだけ選択でき、そのノートブックには[クイックノート]セクションが作成されます。

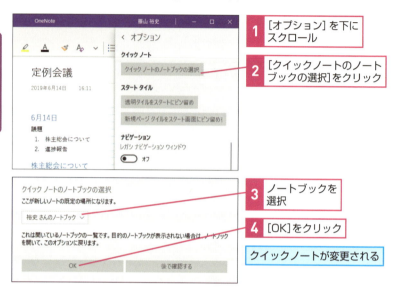

ナビゲーションにノートブックの一覧を表示する

[レガシナビゲーションウィンドウ]を有効にすると、ナビゲーションの形式が変更され、セクションの横にノートブックを表示できます。ページをほかのノートブックにドラッグで移動したいときなどに便利です。

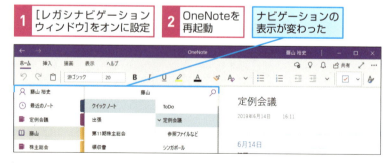

第2章

メモの作成

テキスト入力に関するワザを完全マスター

OneNoteの基本である「ノートコンテナー」の操作を身につけましょう。メモの見栄えを左右する書式・レイアウトの設定についても本章で解説します。

011 ページのタイトルを入力する

OneNoteでは、メモの内容や種類ごとにページを分けて整理できます。この際、それぞれのページに書かれた内容をひと目で判断するうえで重要なのがタイトルです。分かりやすいタイトルを付けるように心がけましょう。

ページを表示しておく

1 ここをクリック　**2** ページのタイトルを入力

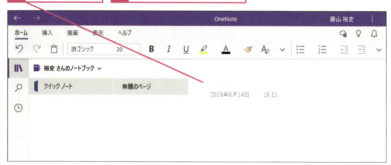

ページにタイトルが入力された

ページの一覧にタイトルが表示された

☑ ページ　　　　　　　　　　　　　　　　　　　　　Windows | Mac | iOS | Android

012 ページにテキストのメモを入力する

OneNoteのページには、さまざまな種類の情報を記録できますが、その中でも基本となるのが文字（テキスト）です。==文字を入力すると自動で「ノートコンテナー」が作成==され、自由に場所を変更できます。

ページを表示しておく

1 文字を入力したい場所をクリック　**2** メモの内容を入力

文字が入力され、ノートコンテナーが表示された　　◆ノートコンテナー

ポイント
- 既存のノートコンテナーから離れた場所をクリックすると、新しいノートコンテナーに文字を入力できます。

ページ | Windows | Mac | iOS | Android

013 新しいページを追加する

OneNoteは1つのページに多くの情報を書き込めますが、内容や種類が異なる情報までまとめてしまうと、目的のメモを探しづらくなります。==メモの種類や内容に応じて新しいページを追加==し、整理しましょう。

[ナビゲーション]を表示しておく　　**1** [ページの追加]をクリック

ページが追加された

ショートカットキー

Ctrl + N …………………………………………………… ページを追加する

014 ノートコンテナーを削除する

テキストを入力すると自動で作成されるノートコンテナーは、その中身まで含めて削除できます。<mark>不要なメモをまとめて削除したいときに便利</mark>ですが、大切なメモまで間違って消さないように注意が必要です。

ノートコンテナーごと文字を削除する

1 ノートコンテナー上部にマウスポインターを合わせる／マウスポインターの形が変わった

定例会議
2019年6月14日　16:11
6月14日

2 そのままクリック／ノートコンテナーが選択された

3 Delete キーを押す／ノートコンテナーが削除された／Back space キーでも削除できる

定例会議
2019年6月14日　16:11

015 ノートコンテナーを移動する

ページに記述した内容を自由に動かせるのは、OneNoteの大きな特徴です。アイデアを==複数のノートコンテナーに書き出し、それらを移動しながら思考を整理==するなど、さまざまな使い方ができます。

ノートコンテナーを作成しておく

1 ここにマウスポインターを合わせる
2 そのままドラッグ

ドラッグした場所までノートコンテナーが移動した

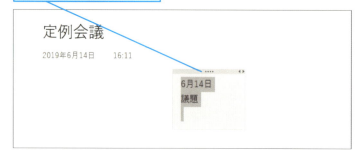

016 ノートコンテナーを結合する

バラバラに書いたメモを1つにまとめたいとき、ぜひ活用したいテクニックがノートコンテナーの結合です。わざわざテキストを切り取り＆貼り付けしたりする手間がなく、<mark>すばやくメモを1つに集約</mark>できます。

2つのノートコンテナーを1つにする

1 ここにマウスポインターを合わせる

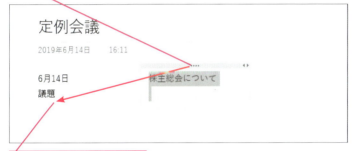

2 Shift キーを押しながらここまでドラッグ

2つのノートコンテナーが1つになった

017 ノートコンテナーを分割する

テキストをまとめて入力した後、一部分のテキストだけをノート内の別の場所に配置したい場面などでは、ノートコンテナーを2つに分割しましょう。移動や結合と同様に、メモの整理に役立ちます。

ノートコンテナー内の文字から、新しいノートコンテナーを作成する

1 移動したい文字をドラッグして選択

2 選択した文字をここまでドラッグ

選択した文字だけが移動し、新しいノートコンテナーが作成された

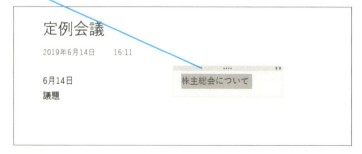

018 ノートコンテナーの幅を調整する

ページ内に入力した文字が折り返される位置は、ノートコンテナーの幅によって決まります。ノートコンテナーの幅が広く、入力したメモが読みづらいときには、読みやすくなるように調整するといいでしょう。

1 ノートコンテナーの右端にマウスポインターを合わせる

マウスポインターの形が変わった

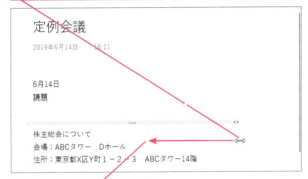

2 左にドラッグして幅を調整

ノートコンテナーの幅が狭くなった

ノートコンテナー　　　　　　　　　　　　　　　Windows | Mac | iOS | Android

019 ノートコンテナーをコピー&貼り付けする

入力したテキストなどと同じく、ノートコンテナーもクリップボードにコピーし、別の場所、あるいは別のページに貼り付けられます。<mark>同じ内容のメモを繰り返し入力</mark>する場面などで使いましょう。

1 ノートコンテナーを選択する

[ホーム] タブを表示しておく

1 ノートコンテナーをクリックして選択

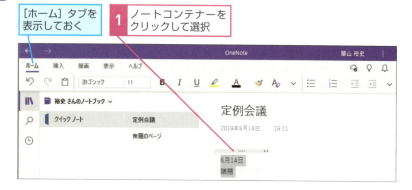

2 ノートコンテナーをコピーする

1 [クリップボード] をクリック

2 [コピー]をクリック

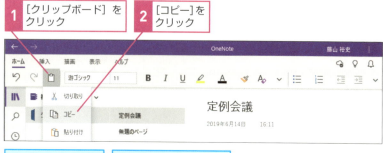

ノートコンテナーがコピーされた

[切り取り]を選択すると切り取られる

38　できる

❸ ノートコンテナーを貼り付ける

1 貼り付けたい場所をクリック

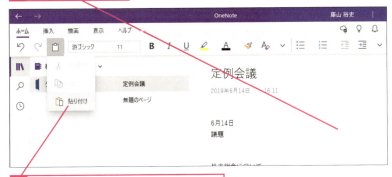

2 [クリップボード]→[貼り付け]をクリック

ノートコンテナーが複製された

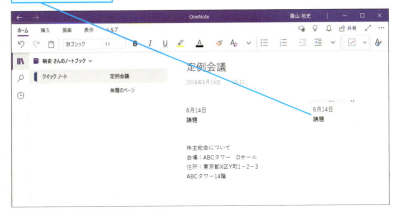

ショートカットキー

Ctrl + C	コピーする
Ctrl + X	切り取る
Ctrl + V	貼り付ける
Alt + H	[ホーム]タブを表示する

ノートコンテナー　　　　　　　　　　　　　　　　　　　Windows | Mac | iOS | Android

020 複数のノートコンテナーを選択する

メモの作成

ノートコンテナー／書式

複数のノートコンテナーを移動したい、または削除したいとき、それらのノートコンテナーをまとめて選択して操作すれば手間を省けます。複数のノートコンテナーをまとめてコピー＆貼り付けすることも可能です。

1 何もない部分からドラッグ

ドラッグして囲んだ範囲内にあるノートコンテナーが選択された

定例会議

2019年6月14日　　16:11
6月14日
議題

株主総会について

会場：ABCタワー　Dホール
住所：東京都X区Y町１－２－３
ABCタワー14階

受付担当
6名

何もない部分をクリックすると選択が解除される

ポイント

● ノートコンテナーがある場所からドラッグすると、ノートコンテナー内の文字が選択されます。ノートコンテナーの外側からドラッグしましょう。
● Ctrl キーを押しながらノートコンテナー上部をクリックしても複数選択できます。

40 できる

☑ 書式　　　　　　　　　　　　　　　　　　　　Windows | Mac | iOS | Android

021 太字・斜体・下線を適用する

入力したテキストに対して、Wordのように太字や斜体、下線といった書式を適用できます。メモの重要な部分がひと目で分かるように、複数の書式を使い分けましょう。

1 文字をドラッグして選択　**2** ［太字］をクリック　　太字に変更された

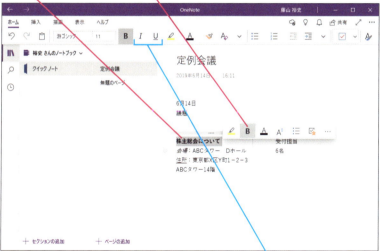

斜体・下線は［ホーム］タブから適用できる

ショートカットキー

Ctrl + B ……………………………………………………………… 太字にする
Ctrl + I ……………………………………………………………… 斜体にする
Ctrl + U ……………………………………………………………… 下線を引く

できる | 41

書式 | Windows | Mac | iOS | Android

022 フォントやサイズ、色を変更する

ノートコンテナー全体、あるいは一部の文字のフォントやサイズ、色を個別に変更できます。==特定のキーワードを目立たせたい==ときに使えるのはもちろん、メモ全体の雰囲気を変えたい場面でも有効です。

① ノートコンテナーのフォントとサイズを変更する

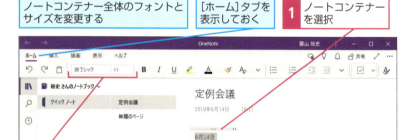

② [フォントの色] を表示する

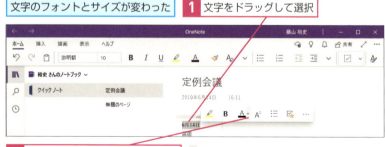

42 できる

❸ 文字の色を変更する

[フォントの色]が表示された　　**1** 色をクリック

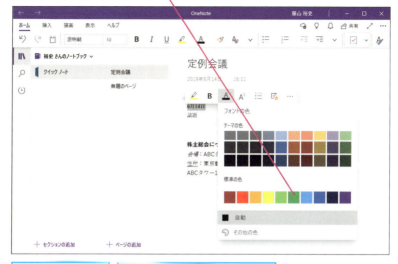

文字の色が変わった　　[ホーム]タブでも色を変更できる

ショートカットキー

Ctrl + Shift + > ………………………………… フォントサイズを大きくする
Ctrl + Shift + < ………………………………… フォントサイズを小さくする

書式 | Windows | Mac | iOS | Android

023 見出しなどのスタイルを適用する

OneNoteで長文のメモを作成するとき、ぜひ活用したいのが見出しの機能です。文章の構造に合わせて見出しのレベルを設定すれば、メモの全体像が把握しやすくなります。文書の体裁を整えるうえでも有効です。

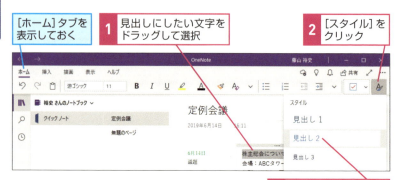

[ホーム]タブを表示しておく
1 見出しにしたい文字をドラッグして選択
2 [スタイル]をクリック
3 [見出し2]をクリック

[見出し2]のスタイルが適用され、フォントとサイズ、色が変更された

[スタイル]→[標準]をクリックすると元の書式に戻せる

ショートカットキー

Ctrl + Alt + 1 ……………………… 見出し1のスタイルを適用する
Ctrl + Alt + 2 ……………………… 見出し2のスタイルを適用する

書式 | Windows | Mac | iOS | Android

024 箇条書きにする

<u>複数の項目を並べて記述</u>したい場面では、箇条書きを使いましょう。OneNoteでは行頭文字として複数の記号が選べるので、メモの内容に合わせて適切なものを選択すれば、見栄えのよいメモを作成できます。

ショートカットキー

Ctrl + . ………………………………………………… 箇条書きにする

書式

025 段落番号を付ける

時系列や優先順位をつけた記述など、並び順が意味を持つ項目で便利なのが、行頭に「1.」「2.」「3.」と数字を入れる段落番号です。箇条書きと段落番号を適切に使い分けましょう。

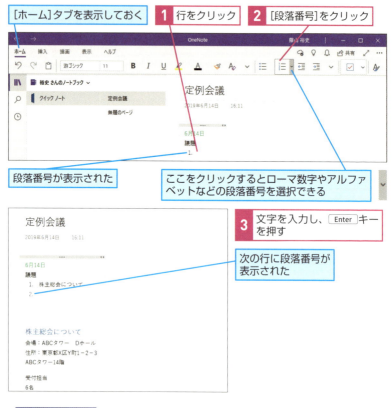

ショートカットキー

Ctrl + / ……………………………………………………… 段落番号を付ける

書式　　　　　　　　　　　　　　　　　　　　　　　Windows | Mac | iOS | Android

026 段落の位置を調整する

段落の書き出し位置を調整するために使う機能がインデントです。メモ内の文章に合わせて適切にインデントを設定すれば、<mark>情報の階層構造を表現</mark>できるようになり、メモの読みやすさが向上します。

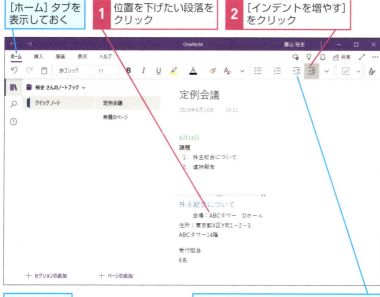

ショートカットキー

| Alt | + | Shift | + | → | ············ インデントを増やす
| Alt | + | Shift | + | ← | ············ インデントを減らす

書式 | Windows | Mac | iOS | Android

027 書式のみをコピー＆貼り付けする

太字や斜体、フォント、見出しのスタイルなど、<mark>テキストに割り当てた書式を別のテキストにも適用</mark>したいときに便利なのが、書式のコピーと貼り付けです。書式を再設定する手間が省けます。

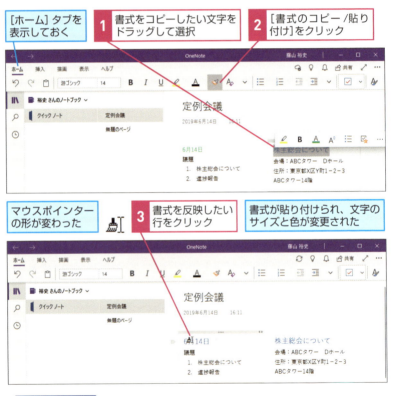

ショートカットキー

| Ctrl | + | Shift | + | C | ……………………………… 書式をコピーする
| Ctrl | + | Shift | + | V | ……………………………… 書式を貼り付ける

書式 | Windows | Mac | iOS | Android

028 蛍光ペンを引く

OneNoteの蛍光ペンは、文字の背景を指定した色で塗りつぶす機能です。数多くの色が用意されており、内容や重要度に応じて使い分けられます。ただ、使いすぎると何が重要か分からなくなるので注意しましょう。

1 文字をドラッグして選択　**2** [蛍光ペン]をクリック　ここをクリックすると蛍光ペンの色を選択できる

蛍光ペンが引かれた　[ホーム]タブでも蛍光ペンを引ける

ポイント
- iPhoneではワザ121（P.197）で解説する手書きで蛍光ペンを引けます。

ショートカットキー
Ctrl + Shift + H ……………………………………………… 蛍光ペンを引く

書式

029 上付き・下付きにする

注釈を示す「※」や「H2O」などの化学式では、上付き・下付きにして文字を使うと読みやすくできます。見た目にメリハリをつけたり、正しい表記をしたりするために活用しましょう。

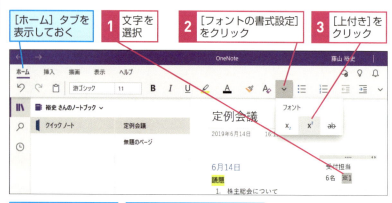

ショートカットキー

Ctrl + Shift + ; ……………………………………………… 上付きにする
Ctrl + ; ……………………………………………………… 下付きにする

☑ 書式　　　　　　　　　　　　　　　　　　　Windows | Mac | iOS | Android

030 取り消し線を引く

入力された文字の中央に引く、横棒の線を取り消し線と呼びます。古くなったメモを新しい内容で上書きしてしまうのではなく、元の内容も記録として残しておきたい場面などで使います。

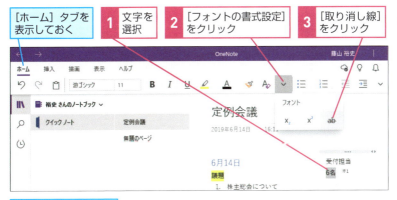

ショートカットキー

Ctrl + − ……………………………………………… 取り消し線を引く

☑ 書式　　　　　　　　　　　　　　　　　　　　　　Windows | Mac | iOS | Android

031 中央揃え・右揃えにする

段落の中央とノートコンテナーの中央が揃うようにテキストを配置するのが中央揃え、段落の右側とノートコンテナーの右側を合わせて配置するのが右揃えです。==メモの見栄えを整えたい==場面で利用します。

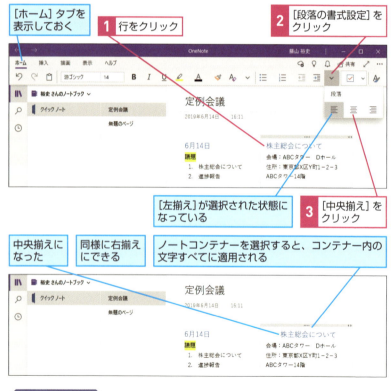

ショートカットキー

Ctrl + R ……………………………………………………………… 右揃えにする
Ctrl + L ……………………………………………………………… 左揃えにする

書式 | Windows | Mac | iOS | Android

032 すべての書式をクリアして標準に戻す

動画で見る

テキストの書式をすべてリセットできます。ブラウザーからコピーしたテキストをOneNoteに貼り付けると、Webページでの書式がそのまま残ってしまいますが、この方法を使えば==すぐに標準のテキストに戻せます==。

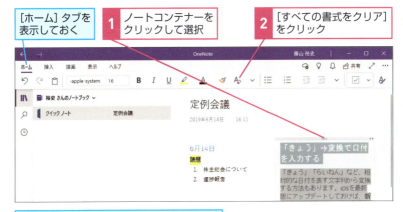

[ホーム] タブを表示しておく

1 ノートコンテナーをクリックして選択

2 [すべての書式をクリア] をクリック

書式がクリアされ、標準のテキストに戻った

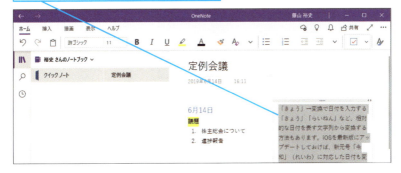

ショートカットキー

Ctrl + Shift + N ………………………………………………… 書式をクリアする

033 Cortanaを使って メモを作成する

ユーザーからの音声での指示を理解し、さまざまな処理を行うことができるデジタルアシスタントとして、Windows 10に搭載されているのが「Cortana」(コルタナ)です。このCortanaを使い、OneNoteのメモを作成できます。

❶ Cortanaでメモを作成する

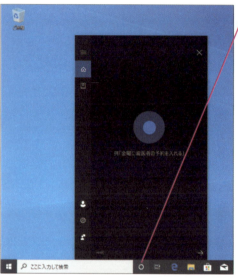

1 [Cortanaに話しかける]をクリック

2 「OneNoteでメモをとって」と話しかける

[何をメモしますか?]と表示された

3 メモの内容を話しかける

❷ OneNoteでメモを確認する

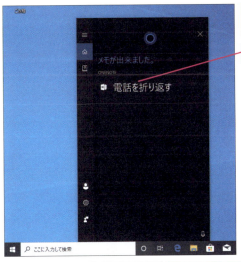

メモの内容が認識され、OneNoteに保存された

1 メモをクリック

OneNoteが起動し、[このファイルの挿入方法を選択してください]と表示された

2 [添付ファイルとして挿入]をクリック

メモが音声付きで追加された

関連 060 音声を録音しながらメモをとる …………………………… P.100

034 メールを保存する

登録したメールアドレスからメールを送ると、==本文の内容がそのままページとして追加==されます。メールでもメモをとれるほか、そのまま保存しておきたいメールを転送してOneNote上で管理できます。

▼ OneNoteにメールを保存する
https://www.onenote.com/EmailToOneNote

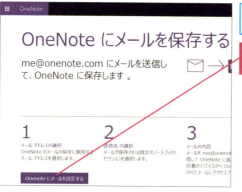

[OneNoteにメールを保存する]を表示しておく

1 [OneNoteにメールを設定する]をクリック

Microsoftアカウントでサインインしておく

2 Microsoftアカウントのメールアドレスにチェックマークが付いていることを確認

3 [保存]をクリック

このメールアドレスから「me@onenote.com」宛てに送信したメールの内容がOneNoteに保存される

第3章

図表・ファイル

さまざまな種類の情報をまとめて記録

OneNoteでは図や画像、ExcelやWordなどのファイルに加え、音声やWebページ、手書きのメモなども同じページに記録できます。本章ではそれらの挿入方法などを解説します。

画像 | Windows | Mac | iOS | Android

035 ページに画像を挿入する

テキストだけでは分かりづらいときは、ページ内に写真やイラストなどの画像を貼り付けましょう。ここではパソコンに保存されている画像を選択・挿入し、向きや大きさを変更する方法を見ていきます。

1 [開く]ダイアログボックスを表示する

2 挿入したい画像を選択する

❸ 画像の向きを変更する

画像が挿入された

1 画像をクリック
画像の編集中はリボンに[画像]タブが表示される
2 [画像]タブをクリック
3 [右へ90度回転]をクリック

❹ 画像の大きさを変更する

画像の向きが変わった

1 ハンドルにマウスポインターを合わせる

マウスポインターの形が変わった

◆ハンドル

2 そのままドラッグ

次のページに続く

❺ 画像を移動する

画像が小さくなった

1 画像にマウスポインターを合わせる

マウスポインターの形が変わった

2 そのままドラッグ

画像が移動した

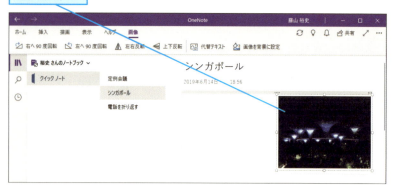

ショートカットキー

Alt + N ……………………………………………………… [挿入] タブを開く

関連 118 写真を撮影してページに挿入する……………………………… P.192
　　　119 保存されている写真をページに挿入する ……………………… P.194

036 ドラッグ&ドロップで画像を挿入する

画像

Windows | Mac | iOS | Android

OneNoteのページに画像ファイルをドラッグ&ドロップすれば、すぐにメモとして挿入できます。フォルダーウィンドウで画像を整理している場面などで、大幅に作業効率がアップするのでおすすめです。

挿入したい画像があるフォルダーを表示しておく

1 画像をページ内にドラッグ

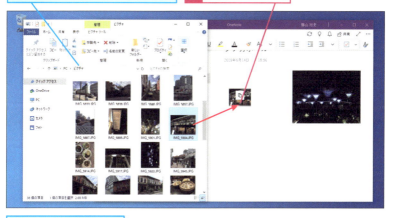

画像がすぐに挿入された

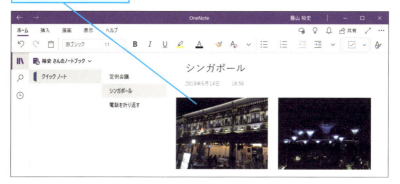

画像 | Windows | Mac | iOS | Android

037 インターネットから画像を挿入する

マイクロソフトが提供するインターネット検索サービス「Bing」で検索した画像を、OneNoteのページに簡単に取り込めます。==会議で言及された製品の写真を議事録のページに貼り付ける==などの用途で役立ちます。

ポイント

- 検索結果の画像には、企業が商標権を持つ製品やロゴ、第三者が著作権を持つ写真やイラストなども表示されます。使用にあたっては、それらの権利を侵害しないよう注意する必要があります。

038 スクリーンショットを撮影して挿入する

Windows 10のショートカットキーとOneNoteを組み合わせて、現在表示している画面の領域を簡単にコピー＆貼り付けできます。==WebページやPDFファイルなどの一部をページに挿入==したいときに便利です。

| 1 | ⊞ + Shift + S キーを同時に押す | 2 | 撮影したい範囲をドラッグ | | スクリーンショットがクリップボードにコピーされた |

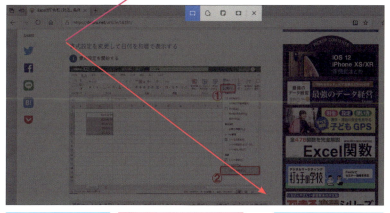

| | OneNoteのページを表示しておく | 3 | [クリップボード] → [貼り付け]をクリック | | スクリーンショットが挿入された |

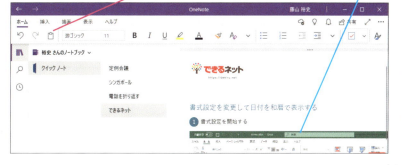

画像 | Windows | Mac | iOS | Android

039 画像内の文字を テキストに変換する

動画で見る

画像内に文字があるとき、それをテキストとして読み取ってコピー&貼り付けできます。名刺や書類を撮影した写真、Webページの画像などで活用しましょう。画像内の文字はOneNoteのサーバー上で解析されるため、コピーできるようになるまで時間がかかる場合があります。また、文字の認識精度は画像によって異なり、テキストとしてコピーできない場合もあります。

1 画像内の文字をコピーする

1 画像を右クリック
2 [画像からテキストをコピー]をクリック
画像内の文字がコピーされた

64 できる

❷ 文字を貼り付ける

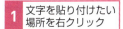

1 文字を貼り付けたい場所を右クリック

2 [貼り付け]をクリック

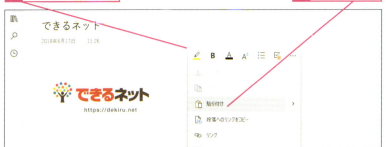

文字が貼り付けられた

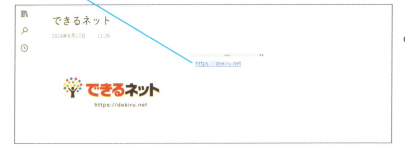

ポイント

- コピー＆貼り付けしたテキストは、文字と文字の間に余計なスペースが入ったり、不要な位置で改行されたりしていることがよくあります。貼り付け後に手動で整形するといいでしょう。

ショートカットキー

Ctrl + V ……………………………………………………… 文字を貼り付ける

関連 **129** 名刺のデジタル化で探すイライラを解消 …………………… P.217
135 書類は画像や PDF にして紙を処分すればスッキリ ……… P.230

040 ページに動画を挿入する

最近ではビジネスシーンでも、動画のコンテンツがよく利用されるようになりました。YouTubeなどで公開されている、==仕事で参考になる動画をOneNoteに記録==しておくと、あらためてサイトにアクセスして探す必要がなく便利です。ここではWindowsアプリでページに挿入した動画を、iPhoneアプリで再生するまでの操作を見ていきます。

1 [オンラインビデオの挿入]を表示する

2 動画のURLを指定する

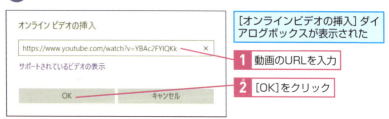

❸ 挿入された動画を確認する

> 動画が挿入され、プレビューが表示された

> 写真と同様に、大きさを変更したり移動したりできる

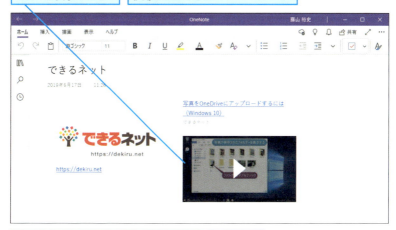

> ノートブックを同期し、動画を挿入したページをiPhoneで表示しておく

1 動画をタップ

2 YouTubeの再生ボタンをタップ

> 動画が全画面で再生される

ポイント

- 動画のURLをページにそのまま貼り付けるだけでも挿入できます。
- YouTubeのほか、Dailymotion、Sway、Vimeoの動画にも対応しています。

代替テキスト

041 画像や動画に代替テキストを設定する

ページに挿入した画像や動画に設定できる文字情報を、OneNoteでは「代替テキスト」と呼びます。代替テキストを入力しておくと、==文字で検索したときに画像や動画がヒット==するようになり、ページの検索性を高められます。

1 画像をクリック
2 [画像]タブをクリック
3 [代替テキスト]をクリック

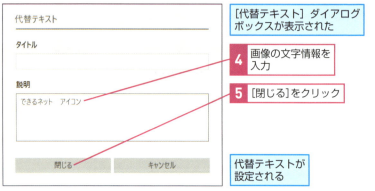

[代替テキスト]ダイアログボックスが表示された

4 画像の文字情報を入力

5 [閉じる]をクリック

代替テキストが設定される

042 ページに表を挿入する

自社製品のリスト、顧客ごとの取引実績や注文の一覧などをOneNoteで管理したい場合は、表の機能を使いましょう。挿入した表は、==Excelと同じ要領で文字を入力したり、セルを移動したり==できます。

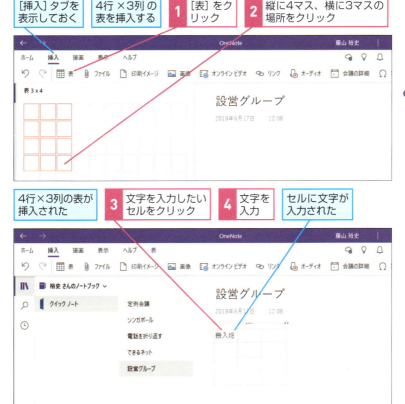

Tab キーを押すと右の列にカーソルが移動する

043 表のレイアウトと色を編集する

作成済みの表に列を追加したり、行ごと削除したりしたいことはよくあります。リボンの[表]タブから行・列を編集しましょう。セルの塗りつぶしの色や、罫線の表示・非表示についても[表]タブで設定します。

1 表に列を挿入する

- 3列目の右に列を挿入する
- **1** 3列目のセルをクリック
- 表の編集中はリボンに[表]タブが追加される

- **2** [表]タブをクリック
- **3** [右に列を挿入]をクリック

2 表の行を削除する

- 列が挿入された
- 4行目を削除する
- **1** 4行目のセルをクリック
- **2** [行の削除]をクリック

③ 表のセルを塗りつぶす

行が削除された

1行目に色を付ける

1 1行目をドラッグして選択

2 [塗りつぶし]のここをクリック

3 色を選択

1行目に色が付いた

[罫線を表示しない]をクリックすると、表の罫線を非表示にできる

044 マウスを使わずに表を挿入・編集する

会議中での議事録作成など、すばやくメモをとりたいときには、ショートカットキーを活用したいところです。OneNoteでは表の挿入から行・列の追加や削除まで、キー操作のみで完結させることが可能です。

1 セルを表示させる

3行×4列の表を作成する

1 ページに文字を入力

2 Tab キーを押す

設営グループ
2019年6月17日 12:08

搬入班

1行×2列の表が作成された

設営グループ
2019年6月17日 12:08

| 搬入班 | |

❷ 表の列を増やす

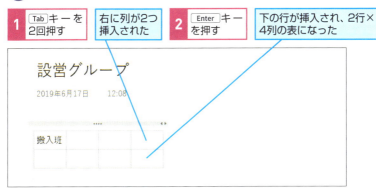

1 Tab キーを2回押す / 右に列が2つ挿入された
2 Enter キーを押す / 下の行が挿入され、2行×4列の表になった

❸ 表の行を増やす

1 Tab キーを4回押す / さらに行が挿入され、3行×4列の表になった

ショートカットキー

Ctrl + Alt + R	右に列を追加する
Ctrl + Enter	下に行を追加する
空行の左端のセルで Delete → Delete	行を削除する

関連 042 ページに表を挿入する ……………………………………………P.69

表　　　　　　　　　　　　　　　　　　　　　Windows | Mac | iOS | Android

045　Excelの表を貼り付ける

ページに新しい表を挿入するのではなく、Excelで作成した表をコピー&貼り付けすることもできます。すでにある<mark>売上表や取引実績などのデータをすばやくOneNoteに転記</mark>できるため、作業効率が向上します。

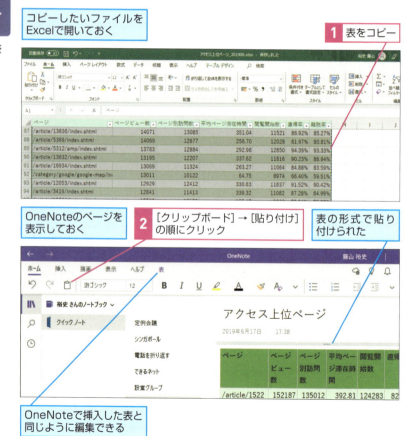

046 表のデータを並べ替える

表形式のデータを扱うときに欠かせない並べ替えの機能は、OneNoteにも用意されています。並べ替えはカーソルがある列を基準として実行され、表の先頭行は、標準では見出し（ヘッダー）として固定されます。

表が降順で並べ替わった

047 ページにファイルを添付する

ファイル | Windows | Mac | iOS | Android

テキストや画像・動画に加えて、ファイルそのものをページに添付できるのは、OneNoteの大きな魅力です。プロジェクトに関連する複数のファイルをまとめて扱うなどの用途で使えます。Word、Excel、PowerPointのファイルは、ページに添付した状態からそれぞれのアプリで直接開けるほか、==上書き保存した内容が添付ファイルにそのまま反映==されます。

1 添付したいファイルを選択する

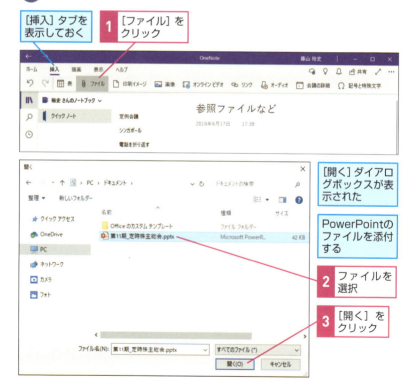

❷ ファイルを添付する

[このファイルの挿入方法を選択してください]と表示された

1 [添付ファイルとして挿入]をクリック

ファイルが添付され、ページに表示された

2 ファイルをダブルクリック

❸ 添付したファイルを編集する

PowerPointが起動し、ファイルが開いた

編集して上書き保存すると、添付したファイルに変更内容が反映される

ポイント

● 画像と同様に、ファイルをドラッグ＆ドロップで添付することもできます。

関連	036	ドラッグ＆ドロップで画像を挿入する …………………………P.61
	126	OneDriveにあるファイルを添付する…………………… P.207

できる 77

048 OneDriveにファイルをアップロードして埋め込む

ページにファイルを挿入するには、添付のほかにも「OneDriveにアップロードして埋め込む」方法があります。この方法でExcelファイルを埋め込んだ場合、OneNoteのページ内で表のスクロールやシートの切り替えができるほか、<u>OneDriveでの変更内容がリアルタイムで反映</u>されます。ほかのユーザーと共有しているファイルに適した挿入方法です。

1 埋め込みたいファイルを選択する

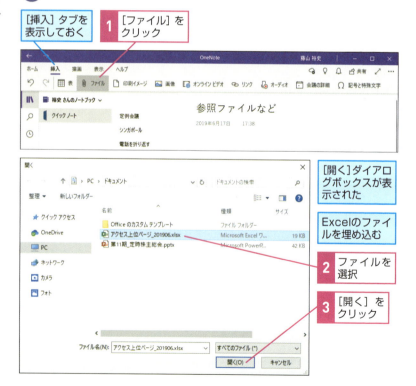

❷ ファイルを埋め込む

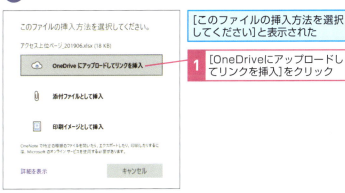

[このファイルの挿入方法を選択してください]と表示された

1 [OneDriveにアップロードしてリンクを挿入]をクリック

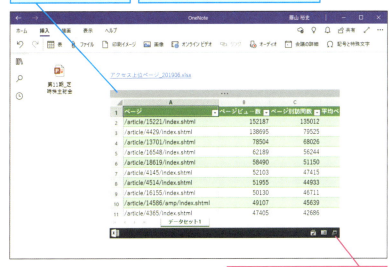

ファイルが埋め込まれ、ページに表示された

Excelと同様に表をスクロールしたり、シートを切り替えたりできる

2 [フルサイズでブックを表示]をクリック

次のページに続く

③ 埋め込まれたファイルをWeb版のExcelで編集する

| ブラウザーが起動し、Web版のExcelの[読み取り専用]モードでファイルが表示された | [読み取り専用]が表示されていない場合はサインインする |

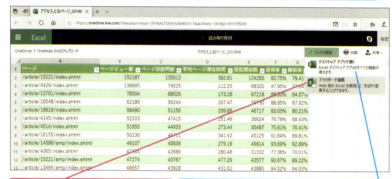

| **1** [ブックの編集]→[ブラウザーで編集]をクリック | [デスクトップアプリで開く]をクリックすると、デスクトップ版のExcelで編集できる |

| ファイルを編集できるようになった | 変更は自動で保存される |

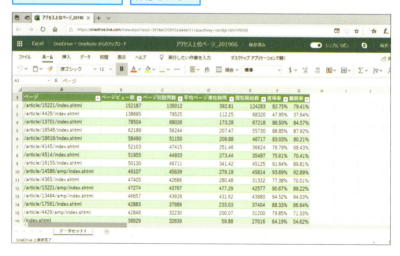

ファイル

Windows | Mac | iOS | Android

049 OneNoteからファイルをパソコンに保存する

ページに貼り付けた添付ファイルをパソコンに保存することもできます。複数のパソコンでOneNoteを利用していて、**別のパソコンで添付したファイルを手元のパソコンにも保存**しておきたいときに使えます。

1. ファイルを右クリック
2. [名前を付けて保存]をクリック

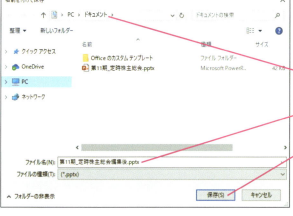

[名前を付けて保存]ダイアログボックスが表示された

3. 保存先を選択
4. ファイル名を入力
5. [保存]をクリック

OneNote上のファイルがパソコンに保存される

ファイル | Windows Mac iOS Android

050 ファイルの印刷イメージを挿入する

Word、Excel、PowerPointのファイルでは、ファイルそのものを添付するのではなく、印刷したときのイメージをOneNoteのページ内に取り込めます。==それぞれのアプリで開く手間が省ける==ため、すばやく内容を確認できます。

① ファイルを表示する

[挿入] タブを表示しておく

1 [印刷イメージ] をクリック

② ファイルを選択する

[開く] ダイアログボックスが表示された

Excelファイルの印刷イメージを挿入する

1 ファイルを選択

2 [開く] をクリック

❸ 印刷イメージを挿入する

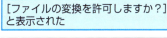

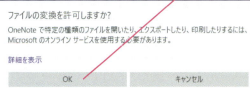

印刷イメージが挿入された

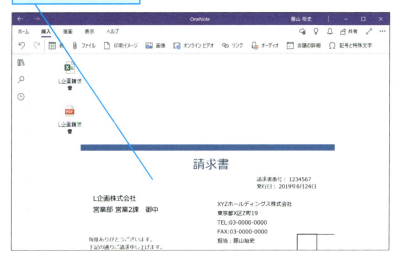

ポイント

- 2回目以降は、ファイルを選択するとすぐに印刷イメージが挿入されます。
- 印刷イメージは各ファイルをPDF形式に変換したものです。
- Word、Excel、PowerPointやブラウザーなどのアプリから印刷するとき、プリンターとして[OneNote]を選択しても印刷イメージを挿入できます。

関連 131 情報を1つに集約すれば取引先訪問で慌てない……………P.222
　　　132 出張のすべてを記録して移動や後処理をラクに …………P.224
　　　133 タブレット＋手書きで修正指示がはかどる…………………P.226

051 手書きでメモをとる

マウスやデジタルペンを使った手書きメモの作成は、デジタルノートアプリであるOneNoteの得意分野です。テキストでは表現しにくい頭の中のアイデアを整理する、デザインのラフスケッチを書く、キーボードが使えないときに文字でメモを残すなど、さまざまな場面で役立ちます。タッチパネルを搭載したパソコンやタブレットを使っているのであれば、ぜひ活用してほしい機能です。

1 ペンを選択する

[描画]タブを表示しておく
1mmの濃い灰色のペンで描く
1 [ペン:濃い灰色、1mm]をクリック

手書き入力モードになった

❷ 手書きでメモをとる

| 1 | マウスをドラッグ、またはデジタルペンでなぞって文字を書く | 手書きのメモが入力された |

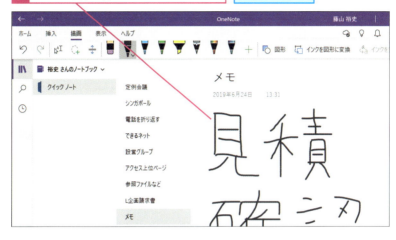

❸ 手書きでの入力を終了する

| テキスト入力モードに戻す | 1 | [オブジェクトの選択またはテキストの入力]をクリック | 手書き入力モードが終了する |

関連 121 手書きでメモをとる（モバイルアプリ）··········· P.197
133 タブレット＋手書きで修正指示がはかどる ········· P.226

052 手書きのメモを削除する

手書きのメモを削除するときには、1回の操作で書いた部分を消す方法と、なぞった部分だけを消す方法を使い分けるといいでしょう。==書いたり消したりを簡単に繰り返せる==のは、デジタルノートならではの利点です。

1 1回の操作で書いた部分を削除する

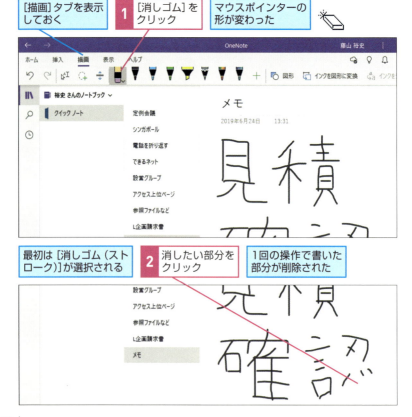

❷ 消しゴムでなぞった部分だけを削除する

1 [消しゴム]を再度クリック　[消しゴムの選択]が表示された　**2** [消しゴム(小)]をクリック

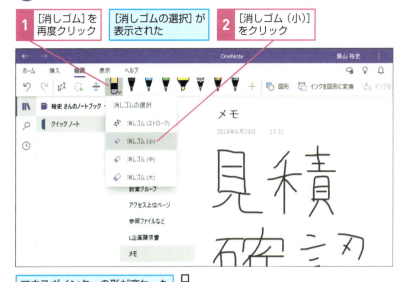

マウスポインターの形が変わった

3 マウスまたはデジタルペンで消したい部分をなぞる　なぞった部分だけが削除された

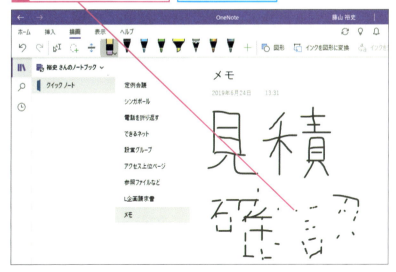

053 手書き用のペンを追加する

手書きのメモを入力するためのペンは、好みの種類や太さ、色を選択して追加できます。種類には通常の「ペン」のほか、重ねて書くことで濃淡を表現できる「鉛筆」と、テキストなどの背面に書ける「蛍光ペン」があります。

1 ペンを追加する

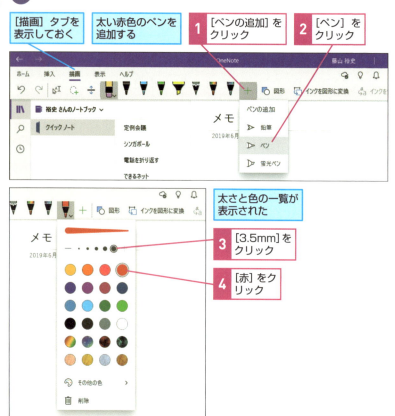

❷ 追加したペンでメモをとる

ペンが追加された　　　　　　　　そのまま手書きのメモを入力できる

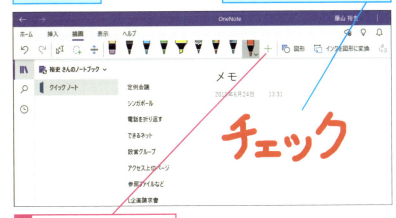

1 同様に[ペンの追加]→[鉛筆]または[蛍光ペン]をクリック

❸ 鉛筆や蛍光ペンでメモをとる

鉛筆または蛍光ペンが追加された　　　　さまざまな表現のペンで手書きのメモを入力できる

ポイント

● 太さと色の一覧で[削除]をクリックするとペンを削除できます。

手書き　　　　　　　　　　　　　　　　　　　Windows | Mac | iOS | Android

054 手書きのメモを テキストに変換する

動画で見る

手書きしたメモは、それが文字であっても最初は図形として扱われますが、[インクをテキストに変換]を実行するとテキストデータに変換できます。OneNoteで検索したときにヒットするほか、**ほかのアプリへのコピー＆貼り付けも可能**になり、メモの利便性が向上します。ただし、手書きの状態によっては正しく認識されない場合があります。

❶ 変換するメモを選択する

[描画]タブを表示しておく　　あらかじめ入力した手書きのメモをテキストに変換する

1 [なげなわ選択]をクリック
2 メモを囲むようにドラッグ

❷ メモをテキストに変換する

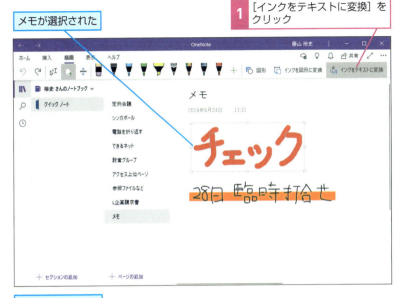

1 [インクをテキストに変換] をクリック

メモが選択された

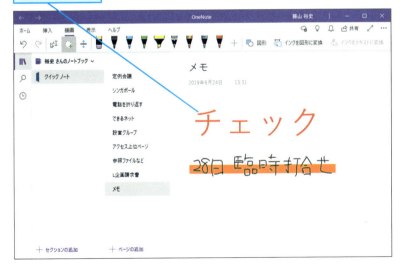

メモがテキストに変換された

055 手書きのメモを図形に変換する

手書きで書いた図形を、整った円や四角形、三角形などに変換することもできます。文字をテキストデータに変換する場合とは異なり、先に［インクを図形に変換］を有効にしたうえで操作しましょう。

［描画］タブを表示しておく

1 ペンをクリック

2 ［インクを図形に変換］をクリック

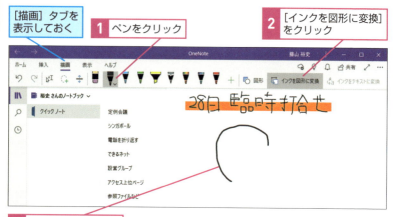

3 手書きで図形を描く

手書きした図形がきれいな円に変換された

再度［インクを図形に変換］をクリックすると通常のペンに戻る

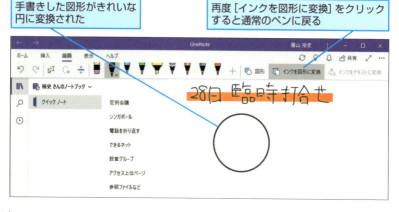

056 ページを全画面表示にする

手書き | Windows | Mac | iOS | Android

手書きでメモをとるときは、==画面が広ければ広いほど作業しやすく==なります。OneNoteを全画面表示に切り替えて、メモを書き込める領域を広げましょう。画面が小さいパソコンで作業するときには特に有効です。

1 [全画面表示モードにする] をクリック

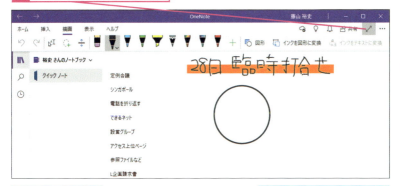

全画面表示モードになった

[全画面描画を終了する] をクリックすると元に戻る

図形 | Windows | Mac | iOS | Android

057 図形を挿入する

プロジェクトの流れなどを図示したいときは、ページに図形を挿入しましょう。直線、矢印、円、四角形といった基本図形のほか、グラフの縦軸・横軸を表す図形を、あらかじめ選択したペンの色と太さで描画できます。

1 図形を挿入する

[描画]タブを表示しておく
1 ペンをクリック
2 [図形]をクリック

3 [四角形]をクリック

4 ページ上をドラッグ　選択しているペンで四角形が挿入された

❷ 図形の大きさを変更する

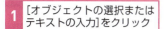

3 ハンドルをドラッグ　図形の大きさが変更された

❸ 図形の線の色と太さを変更する

ポイント

- Macでは[描画]タブではなく[挿入]タブから操作します。

図形

Windows | Mac | iOS | Android

058 図形の重なり順を変更する

ページに挿入した手書きのメモや図形は、古いものが背面、新しいものが前面に配置されていきますが、この重なり順は後から変更できます。==複数の図形を組み合わせて図示==したいときに役立つワザです。

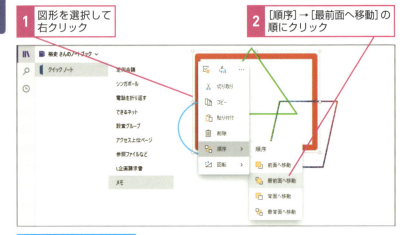

1 図形を選択して右クリック

2 [順序]→[最前面へ移動]の順にクリック

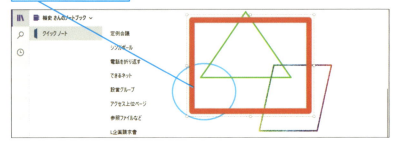

図形が最前面に移動した

ポイント

- ノートコンテナー上部を右クリックすると、文字や画像の重なり順を変更できます。

☑ 図形　　　　　　　　　　　　　　　　Windows | Mac | iOS | Android

059 スペースを挿入・削除する

手書きのメモや図形をひととおり描画した後、それらの間に新しいメモを追加したくても、スペース（間隔）が足りないことがよく起こります。そのようなときは、メモとメモの間にスペースを挿入する機能を使いましょう。ページ内の任意の場所からメモを下にずらして、スペースを作ることができます。作りすぎたスペースを削除することも可能です。

1 ［スペースを挿入］モードにする

［描画］タブを表示しておく

1 ［余分なスペースの挿入または削除］をクリック

次のページに続く〉

できる | 97

❷ スペースを挿入する

1 図形の上にマウスポインターを合わせる

マウスポインターの形が変わった

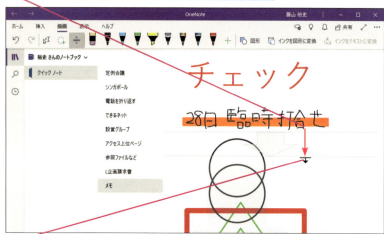

2 下にドラッグ

図形の間にスペースが挿入された

図表・ファイル　図形

③ スペースを削除する

1 [余分なスペースの挿入または削除]をクリック

2 空白の部分にマウスポインターを合わせる

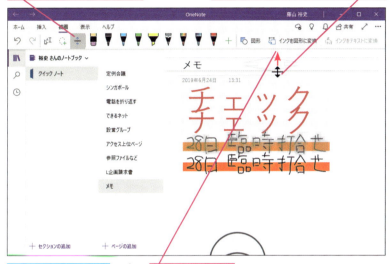

マウスポインターの形が変わった

3 上にドラッグ

スペースが削除された

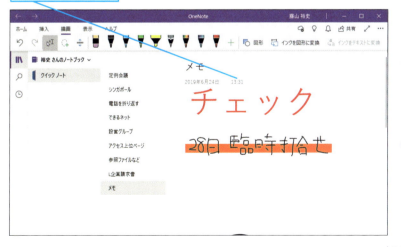

オーディオ | Windows | Mac | iOS | Android

060 音声を録音しながらメモをとる

OneNoteではパソコンのマイクを使って、音声を録音しながらメモを作成できます。これにより、会議の要点をテキストとして入力しながら、すべての内容を音声として記録することが可能です。また、==テキストを入力した時点での音声を頭出しして再生できる==ため、要点を再確認するために音声を聞き直す、といったことも簡単にできるようになっています。

❶ 音声の録音を開始する

[挿入]タブを表示しておく

1 [オーディオ]をクリック

[OneNoteによるマイクへのアクセスを許可しますか?]と表示されたら[はい]をクリックする

録音が開始された

[録音中…]タブが表示された

音声ファイルが添付され、アイコンが表示された

2 録音しながら文字を入力

❷ 録音を終了する

1 [停止]をクリック　　録音が終了した

❸ 録音した音声を最初から再生する

[録音中…]が[オーディオ]に変わった

1 [再生]をクリック

音声が最初から再生された　　[15秒戻る]などをクリックして音声を聞き直せる

次のページに続く

❹ メモと連携して音声を再生する

「1 株主総会の振り返り」と入力した
ときに録音された音声を再生する

1 「1 株主総会の振り返り」の行に
マウスポインターを合わせる

2 ここをクリック　　文字入力時に録音された音声が再生される

ショートカットキー

Ctrl + Alt + A	……………………………………… 録音を開始する
Ctrl + Alt + S	……………………………………… 録音を停止する
Ctrl + Alt + P	………………………………………選択した音声を再生する
Ctrl + Alt + T	………………………………………………………… 5 分戻す
Ctrl + Alt + Y	………………………………………………………… 15 秒戻す
Ctrl + Alt + U	………………………………………………………… 15 秒進む
Ctrl + Alt + I	………………………………………………………… 5 分進む

関連 033 Cortana を使ってメモを作成する ………………………… P.54
　　　 120 音声を録音する …………………………………………… P.196
　　　 128 音声と写真も記録して完全な議事録を作る …………… P.214

061 Webページへのリンクを挿入する

気になるWebページを記録したいときは、リンクを張る文字（リンクテキスト）とURLを指定してページに挿入しましょう。URLをそのまま貼り付ける方法よりも、リンク先の情報を分かりやすくできます。

ショートカットキー

Ctrl + K ……………………………………………………… リンクを挿入する

Webノート　Windows | Mac | iOS | Android

062 Webページに手書きのメモを加えて保存する

Webページを見ていて思いついたアイデアを書き込みたいときや、注目すべきポイントを囲んで目立たせたいときは、「Webノート」というWindows 10の標準ブラウザー「Microsoft Edge」で利用できる機能が役立ちます。現在表示しているWebページにマウスやデジタルペンで直接手書きのメモを書き込み、それをOneNoteのページとして保存できます。

1 スタートメニューからMicrosoft Edgeを起動する

スタートメニューを表示しておく

1 [Microsoft Edge] をクリック

タスクバーのアイコンをクリックしても起動できる

❷ Webノートの画面に切り替える

| Microsoft Edgeが起動した | メモしたいWebページを表示しておく | **1** [メモを追加する]をクリック |

❸ Webページに手書きでメモをとる

| Webノート画面に切り替わった | **1** [ボールペン]をクリック | **2** マウスをドラッグ、またはデジタルペンでなぞって文字を書く |

手書きのメモが入力された

3 [Webノートの保存]をクリック

次のページに続く

❹ Webノートを保存する

1 [OneNote]をクリック

ここをクリックするとセクションやノートブックを選択できる

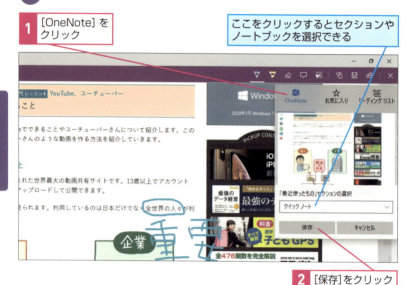

2 [保存]をクリック

❺ 通常の画面に切り替える

Webノートが OneNote に保存された

1 [終了]をクリック

Webノートが終了し、通常の画面に戻る

〈ショートカットキー〉

[Ctrl]＋[Shift]＋[M]……………………………………Webノートを追加する

063 Webページの内容をさまざまな形式で保存する

Webページの内容が将来にわたって掲載され続ける保証はなく、いつアクセスできなくなるか分かりません。そのため、特に重要なコンテンツや資料性の高い情報については、**現時点でのWebページの内容そのものをOneNoteに保存**しておくと安心です。Microsoft EdgeやFirefox、MacのSafariで使える拡張機能「OneNote Web Clipper」をインストールすれば、見ているWebページの全体、または一部の領域や本文のみを抽出して、あらゆる情報をOneNoteにクリップできるようになります。

▼ OneNote Web Clipperのインストール
https://www.onenote.com/clipper

1 ClipperのWebページを表示する

Microsoft EdgeにClipperを追加する

[OneNote Web Clipperのインストール]を表示しておく

1 [Microsoft Edge用 OneNote Web Clipperを入手]をクリック

次のページに続く

❷ Clipperをインストールする

[Microsoft Store]が起動した

1 [入手]をクリック

❸ Clipperを拡張機能として追加する

Clipperがインストールされた

1 [起動]をクリック

Microsoft Edgeの画面に切り替わった

2 [有効にする]をクリック

❹ Clipperのアクセスを許可する

Clipperが有効になった

保存したいWebページを表示しておく

1 [Clip to OneNote] をクリック

2 [Microsoft アカウントでサインイン]をクリック

サインイン後、情報へのアクセスを許可しておく

❺ Webページを保存する

1 保存場所を選択

2 [クリップ]をクリック

Webページ全体がクリップされる

ポイント

● 手順5で[領域]をクリックすると、Webページのドラッグした領域を画像として保存します。[記事]をクリックすると、本文部分のテキストと画像だけを保存します。

関連 130 ECサイトのブックマークで備品の注文を効率化 ………… P.220

数式 | Windows | Mac | iOS | Android

064 入力した数式を計算する

図表・ファイル

数式

ページにテキストとして入力した数式は、その場で計算して結果を求められます。計算機のアプリを別途起動することなく、==四則演算や累乗・階乗の計算が可能==です。また、Excel関数と同様の関数も使えます。

1 数式を入力   **2** 「=」を入力して Enter キーを押す

```
1  株主総会の振り返り
    出席者　300名　例年より50名増
    お土産　10名分不足　来年多めに発注


お土産発注数→270　一部昨年の余りで対応
昨年の余り
300 − 270 − 10 =
```

計算結果が表示された

```
1  株主総会の振り返り
    出席者　300名　例年より50名増
    お土産　10名分不足　来年多めに発注


お土産発注数→270　一部昨年の余りで対応
昨年の余り
300 − 270 − 10 = 20
```

ポイント

● 「=」を入力して Space キーを押しても計算が実行されます。
● 数式内の数値や演算子、関数の構文は、半角・全角文字のどちらでも認識されます。

110 できる

● OneNote で使える算術演算子

演算子	意味	使用例
+	加算	4+2
-	減算	5-3
	負の数	-8
*	乗算	2*2
X		7x4
/	除算	9/3
%	パーセンテージ	30%
^	累乗	2^4
!	階乗	4!

● OneNote で使える関数

関数	意味	構文
ABS	絶対値を求める	ABS（数値）
ACOS	逆余弦（アーク・コサイン）を求める	ACOS（数値）
ASIN	逆正弦（アーク・サイン）を求める	ASIN（数値）
ATAN	逆正接（アーク・タンジェント）を求める	ATAN（数値）
COS	余弦（コサイン）を求める	COS（数値）
DEG	ラジアンを度に変換する	DEG（角度）
LN	自然対数を求める	LN（数値）
LOG	自然対数を求める	LOG（数値）
LOG2	二進対数を求める	LOG2（数値）
LOG10	常用対数を求める	LOG10（数値）
MOD	余りを求める	（数値）MOD（除数）
PI	円周率 π の近似値を求める	PI
PHI	黄金比の近似値を求める	PHI
PMT	ローンの返済額を求める	PMT（利率；期間内支払回数；現在価値）
RAD	度をラジアンに変換する	RAD（角度）
SIN	正弦（サイン）を求める	SIN（角度）
SQRT	平方根を求める	SQRT（数値）
TAN	正接（タンジェント）を求める	TAN（数値）

関連 **065** 手書きの数式を計算する ……………………………………… P.112

☑ 数式　　　　　　　　　　　　　365　Windows | Mac | iOS | Android

065 手書きの数式を計算する

動画で見る

Office 365のみで利用できる機能ですが、手書きで入力した複雑な数式を認識し、瞬時に解答を得ることもできます。ここでは手書きの連立方程式をテキストに変換して、代入法で解答を求める手順を表示します。

❶ 手書きした数式を読み取る

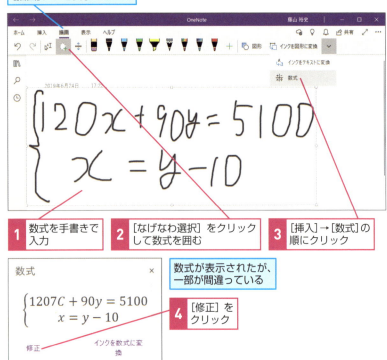

[描画]タブを表示しておく

1. 数式を手書きで入力
2. [なげなわ選択]をクリックして数式を囲む
3. [挿入]→[数式]の順にクリック

数式が表示されたが、一部が間違っている

$$\begin{cases} 1207C + 90y = 5100 \\ x = y - 10 \end{cases}$$

4. [修正]をクリック

112 できる

② 読み取られた数式を修正する

1 [なげなわ選択]をクリックして修正したい部分を囲む

2 候補から正しいものをクリック

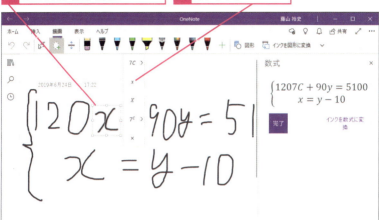

③ 数式をテキストに変換する

正しい数式に修正された

1 [インクを数式に変換]をクリック

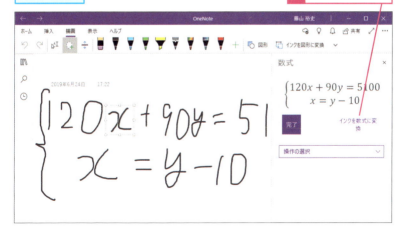

次のページに続く

❹ 数式を計算する

数式が変換され、ノートコンテナーに入力された

1 [操作の選択]をクリック

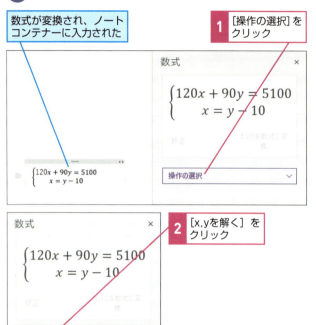

2 [x,yを解く]をクリック

❺ 解答を求める手順を表示する

解答が表示された

1 [手順の表示]をクリック

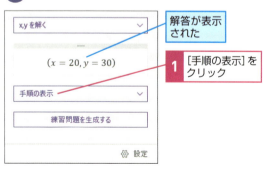

6 解答を求める手順を確認する

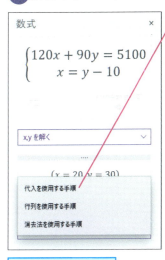

1 [代入を使用する手順] をクリック

代入法で解答を求める手順が表示された

ここをページにドラッグするとノートコンテナーとして挿入できる

066 英語を日本語に翻訳する

海外の取引先から送られてきたメールや、英文のWebページなどをメモとして記録するときに便利なのが、OneNoteの翻訳機能です。とにかく==手軽に利用でき、翻訳の精度も高い==のがメリットです。ここで紹介するように元の英文は削除せず、翻訳後の日本語文と併記するようにすると、誰が見ても誤解のない情報になるのでおすすめです。

1 翻訳する文章を選択する

[表示]タブを表示しておく

1. 翻訳したい文字を選択
2. [翻訳]をクリック
3. [選択した部分]をクリック

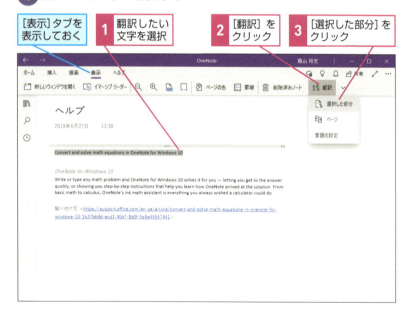

② 翻訳結果を挿入する

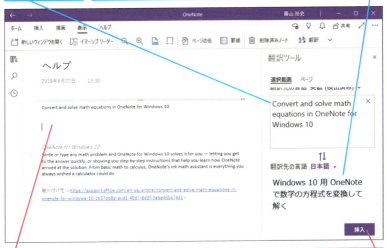

1. 翻訳結果を挿入したい場所をクリック
2. [挿入]をクリック

③ 翻訳結果が挿入された

ポイント

- 手順1で[翻訳]→[ページ]を選択すると、ページ全体の翻訳結果がサブページとして追加されます。

067 記号や特殊文字、ステッカーを挿入する

ユーロやポンド、コピーライトなどの特殊記号はMicrosoft IMEでも変換できますが、OneNoteのリボンからでも入力が可能です。ほかにも、Office 365を契約しているアカウントでは「ステッカー」と呼ばれるイラストや、「リサーチツール」という学術情報の検索機能を利用できます。

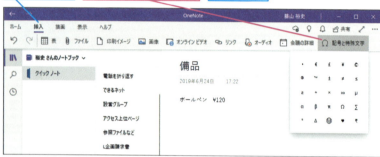

[挿入] タブを表示しておく
1 [記号と特殊文字] をクリック
特殊記号を入力できる

Office 365を契約しているアカウントでは、[ステッカー]からイラストを挿入できる

第4章

ノートの整理

記録した情報を見やすくまとめる

OneNoteのメモは、適切に分類することで参照しやすくなります。ノートブック、セクション、ページの階層を使い分けて、これまでに記録してきたメモを整理しましょう。

ページ | Windows | Mac | iOS | Android

068 ページを並べ替える

1つのセクション内のページ数が増えると、目的のページを探すのが大変になります。ページの順番を並び替えて、よく使うページを上部に配置したり、関連性のあるページを連続させたりしておくのも有効です。

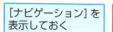

[ナビゲーション]を表示しておく

1 ページ名をドラッグ

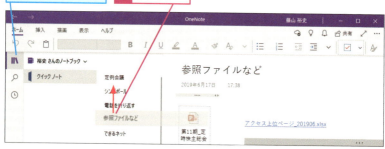

ページが移動し、順番が変わった

ショートカットキー

- `Ctrl` + `Alt` + `G` …… 現在のページを選択する
- `Alt` + `Shift` + `↑` …… 選択したページを上に移動する
- `Alt` + `Shift` + `↓` …… 選択したページを下に移動する

069 ページを削除する

紙のノートと異なり、OneNoteはいくらでもページを追加できるのがメリットなので、少しでも参照する可能性があるページは残しておくべきです。ただ、明らかに不要なページがあれば削除しましょう。

[ナビゲーション]を表示しておく

1 ページ名を右クリック

2 [ページの削除]をクリック

ページが削除された

ショートカットキー

| Delete | ページを削除する |

070 削除したページを元に戻す

「不要だと思って削除したページが、実はまだ必要だった」というときも、慌てる必要はありません。削除したノートは、60日後に完全に削除されるまではOneNoteに残っており、簡単に元に戻せます。

❶ 削除したページを表示する

[表示]タブを表示しておく

1 [削除済みノート]をクリック

❷ ページの復元先を指定する

[削除済みノート]が表示された

1 ページ名を右クリック

2 [復元先]をクリック

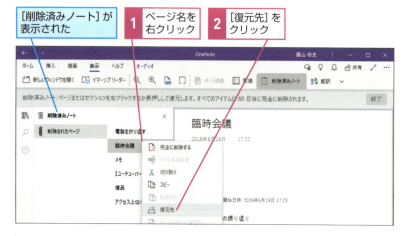

3 ページを復元する

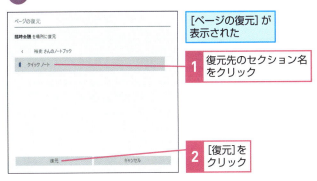

4 復元されたページを確認する

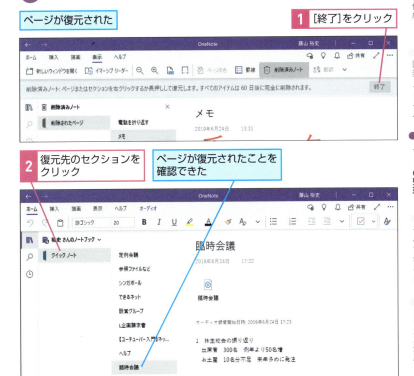

071 ページの内容を復元する

OneNoteのページには、最新の内容だけでなく<mark>過去の内容も「バージョン」として保存</mark>されています。本来は残しておくべきだった大切な情報を、別の情報で上書きしてしまった場合でも、以前の状態に戻せます。

① ページのバージョンを表示する

[ナビゲーション]を表示しておく

1 ページ名を右クリック

2 [ページのバージョン]をクリック

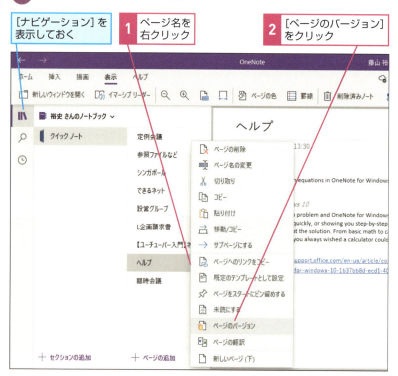

❷ 復元するバージョンを選択する

[ページのバージョン]が表示された

1 復元したいバージョンを選択

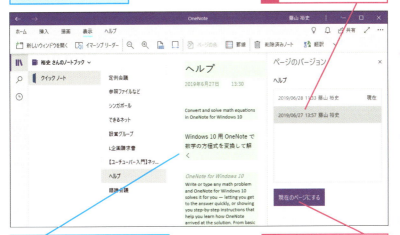

選択したバージョンでのページの内容が表示された

2 [現在のページにする]をクリック

ページの内容が復元された

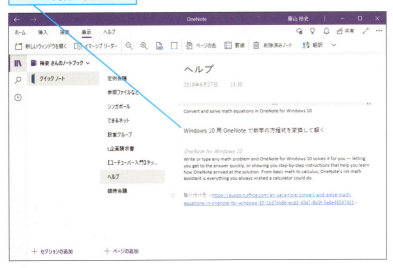

できる 125

072 ページに色を設定する

ページの背景色は白が基本ですが、別の色に変更できます。現在進行中のプロジェクトに関するページには色を付けるなど、自分でルールを決めて設定することで、どういった内容かがすぐに分かるようにできます。

[表示]タブを表示しておく

1 [ページの色]をクリック

2 色を選択

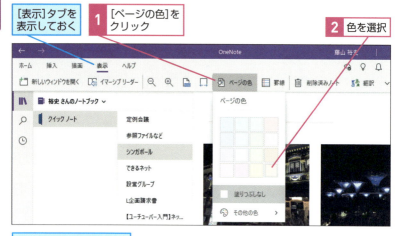

ページの色が設定された

073 ページに罫線を表示する

ページに罫線や方眼線を表示すると、OneNoteを紙のノートやメモ帳のように使えます。画像や図形を挿入したり、手書きのメモを記入したりするとき、それらを配置する基準となるガイドラインとして使えます。

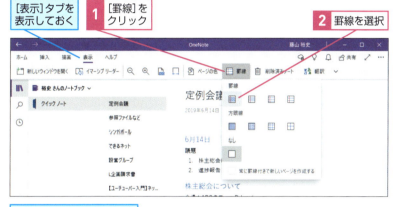

[表示]タブを表示しておく
1 [罫線]をクリック
2 罫線を選択

ページに罫線が表示された

ショートカットキー

Ctrl + Shift + R ……………………………… 罫線の表示・非表示を切り替える

074 ページを階層化する

1つのページに記録できる情報量に制限はありませんが、多くの情報を詰め込みすぎると見づらくなります。適切にページを分割しつつ、「サブページ」の機能を使ってページを階層化し、一連の情報をまとめましょう。

1 ページ名を右クリック　2 ［サブページにする］をクリック

ショートカットキー

Ctrl + Alt + Shift + N ……………… ページに新しいサブページを作成する

セクション

075 新しいセクションを追加する

OneNoteを使って情報を整理するうえで、鍵となる階層が「セクション」です。例えば、定例会議やプロジェクトなどでセクションを作れば、==関連するページのまとまりが明確になり、より管理しやすく==なります。

[ナビゲーション]を表示しておく　**1** [セクションの追加]をクリック

2 セクション名を入力　**3** Enterキーを押す

セクションが追加された

ショートカットキー

Ctrl + T ………………………………… 新しいセクションを追加する

076 セクション名を変更する

作成時に付けたセクションの名前は、後から変更できます。そのセクションに分類されるページの内容が容易に理解できる、分かりやすい名前になるように定期的に見直すことをおすすめします。

[ナビゲーション]を表示しておく　**1** セクションを右クリック

2 [セクション名の変更]をクリック

セクション名を変更できるようになった

ポイント
- 「クイックノート」のセクション名は変更しないようにしましょう。変更すると、新しい「クイックノート」セクションが自動的に作成されます。

セクション | Windows | Mac | iOS | Android

077 セクションの色を変更する

ノートブック内に複数のセクションがあるとき、<mark>内容に応じて色を変えれば、それぞれの関連性を示せます</mark>。例えば、社内業務に関するセクションは青、社外とのやりとりに関するセクションは赤など、工夫してみましょう。

078 セクションを並べ替える

セクション内のページと同様、セクションそのものも順番を並べ替えられます。よく使うセクションや、重要なメモが記録されたセクションを最上部に配置するなど、使いやすい状態を考えてみましょう。

[ナビゲーション]を表示しておく

1 セクションをドラッグ

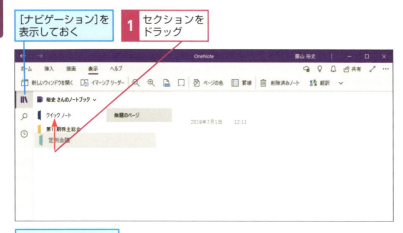

セクションが移動し、順番が変わった

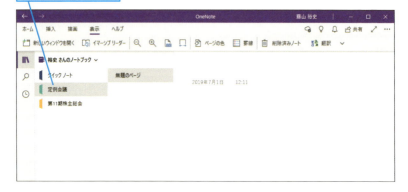

セクション　　　　　　　　　　　　　　　　　Windows | Mac | iOS | Android

079 セクショングループを作成する

セクションに階層構造を持たせたい場合は、「セクショングループ」を使います。例えば、定例会議の議事録を月ごとにまとめるセクションを作成し、それらを「定例会議」グループにまとめるといった用途があります。

[ナビゲーション]を表示しておく

1 セクション一覧の何もない部分を右クリック

2 [新しいセクショングループ]をクリック

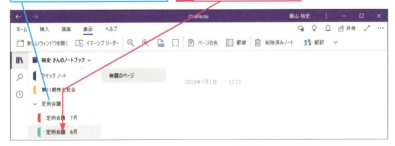

セクショングループが作成された

3 セクションをドラッグ

セクションがグループ化された

ポイント

- セクショングループ名を変更するには、右クリックして[セクショングループの名前を変更]をクリックします。

セクション | Windows | Mac | iOS | Android

080 セクションをパスワードで保護する

動画で見る

機密性の高い情報をOneNoteに保存するとき、積極的に使いたいのがセクションをパスワードで保護する機能です。情報漏えいなどが起きないように、==複雑なパスワードを設定して大切な情報を守りましょう。==

1 [パスワード保護] を表示する

[ナビゲーション]を表示しておく　　**1** セクションを右クリック

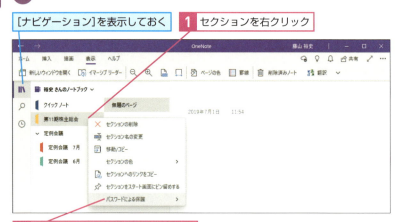

2 [パスワードによる保護]をクリック

[パスワードによる保護]が表示された　　**3** [パスワードの追加]をクリック

② パスワードを設定する

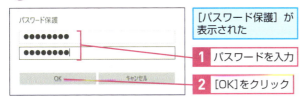

③ セクションをロックする

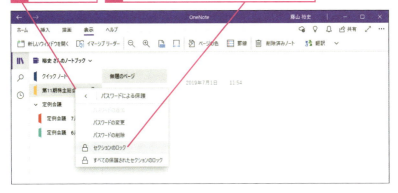

次のページに続く

④ セクションのロックをパスワードで解除する

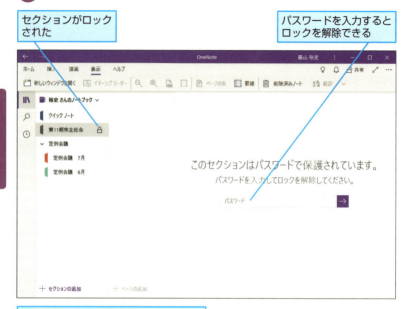

セクションがロックされた

パスワードを入力するとロックを解除できる

スマートフォンでは顔認証や指紋認証でロックを解除することもできる

ポイント

- パスワードを忘れた場合に、リセットする機能はありません。そのため、セクションをロックした後にパスワードを忘れてしまうと、二度とロックを解除できなくなるため注意が必要です。
- パスワードを削除するには、セクションのロックを解除してから右クリックして［パスワードによる保護］→［パスワードの削除］の順にクリックします。

ショートカットキー

[Ctrl]+[Alt]+[L] ……パスワードで保護されたセクションをすべてロックする

関連 115 セクションの保護を顔認証で解除する …………………………P.186

テンプレート | Windows | Mac | iOS | Android

081 テンプレートを設定する

定例会議の議事録など、フォーマットがある程度決まったページを繰り返し作成する場合、元になるページを「テンプレート」として設定しておくと、同じ内容を入力する手間が省けます。テンプレートを設定すると、そのセクション内で新しく追加したページに対して自動的に適用されていくので、別のページを作成したいときはセクションを分けましょう。

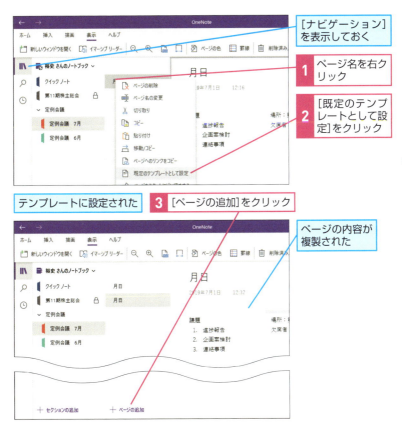

ノートブック　　　　　　　　　　　　　　　　　　　　Windows | Mac | iOS | Android

082 新しいノートブックを追加する

記録する情報の性格が大きく異なる場合は、ノートブックそのものを分けることも視野に入れましょう。例えば、OneNoteを==仕事だけでなく家庭や趣味にも使うなら、別のノートブックを作成==したほうが便利です。

❶ ノートブックを追加する

[ナビゲーション]を表示しておく　　**1** ノートブック名をクリック

2 [ノートブックの追加]をクリック

❷ ノートブックの設定をする

[ノートブックの作成] が表示された

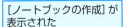

1 [ノートブックの種類を選択します] からノートブックを選択

2 ノートブック名を入力

3 [ノートブックの作成] をクリック

ノートブックが追加され、表示された

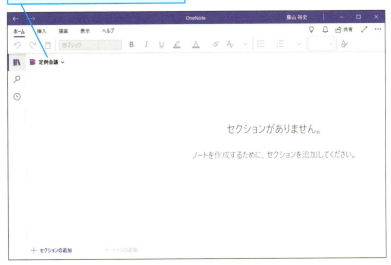

ノートブック　　　　　　　　　　　　　　　　　　　　Windows | Mac | iOS | Android

083 ほかのデバイスで作成したノートブックを開く

複数のデバイスで同じノートブックを参照できるのは、OneNoteの大きな魅力です。ただ、スマートフォンで新しく作成したノートブックは、そのままではパソコンから参照できません。このワザを参考に「開いた」状態にしましょう。開いているノートブックは定期的に同期され、その中にあるセクションやページが常に最新の状態に保たれます。

1 ノートブックの一覧を表示する

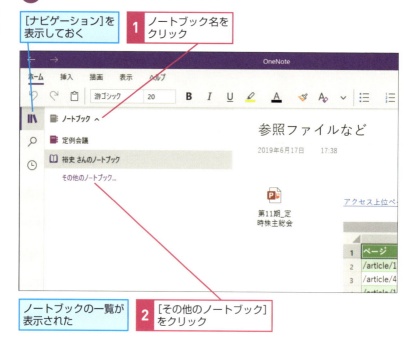

[ナビゲーション]を表示しておく

1 ノートブック名をクリック

ノートブックの一覧が表示された

2 [その他のノートブック]をクリック

❷ ノートブックを開く

[開くノートブックを選択してください]が表示された

1 開きたいノートブックにチェックマークを付ける

2 [開く]をクリック

ノートブックが開いた

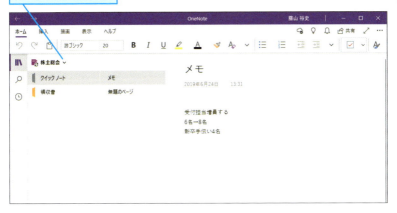

ショートカットキー

Ctrl + O ……………………………………………… ノートブックを開く

できる 141

ノートブック | Windows | Mac | iOS | Android

084 ノートブックを最新の状態に同期する

複数のデバイスでノートブックを開いており、別のデバイスで更新した内容が反映されていないときは、手動で同期しましょう。スマートフォンで写真を挿入したページを、パソコンですぐに見たいときにも役立ちます。

[ナビゲーション]を表示しておく

1 ノートブック名を右クリック

2 [同期]をクリック

[同期]が表示された **3** [このノートブックの同期]をクリック

ノートブックが同期され、最新の状態になる

ショートカットキー

Ctrl + S ……………………………………… 現在のノートブックを同期する
F9 ……………………………………… すべてのノートブックを同期する

085 ノートブックにニックネームを付ける

最初に付けたノートブック名は、OneDrive上でのノートブックのファイル名になりますが、それとは別にニックネームを付けられます。==ファイル名は変えずに、分かりやすい名前を付けたい==ときに使いましょう。

[ナビゲーション]でノートブックの一覧を表示しておく

1 ノートブック名を右クリック

2 [ノートブックのニックネームを付ける]をクリック

 3 ニックネームを入力

 4 Enter キーを押す

ノートブック名がニックネームで表示される

086 ノートブックを閉じる

たくさんのノートブックを同時に開いていると、どのノートブックにどのセクションやページが保存されているのかを判断するのが難しくなります。現時点で必要のないノートブックは閉じ、一覧を整理しましょう。あるデバイスでノートブックを閉じても、OneDriveにファイルがそのまま保持されているので、別のデバイスでは継続して利用できます。

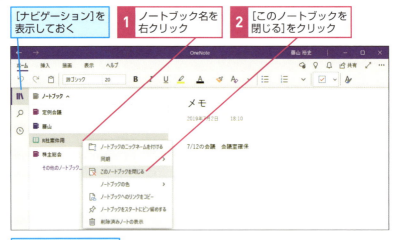

関連 083 ほかのデバイスで作成したノートブックを開く …………P.140

ウィンドウ

087 新しいウィンドウを開く

OneNoteを使っていると、複数のページを同時に参照したいことがあります。それを実現するのがこのワザです。複数のページを同時に表示して比較したり、別のページを参考にしながらメモを作成したりできます。

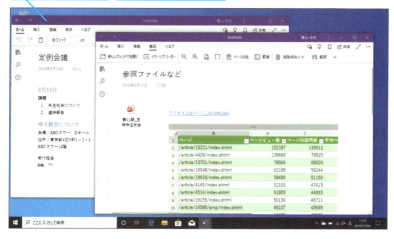

ショートカットキー

Ctrl + M ……………………………………… 新しいウィンドウを開く

ページの移動　　　　　　　　　　　　　　　　　Windows | Mac | iOS | Android

088 ページを別のセクションやノートブックに移動する

本来の意図とは異なるセクション、またはノートブックにページを作成してしまった場合は、ページを移動しましょう。==「クイックノート」セクションなどに作成したページを分類しなおす==ときにも便利です。

❶ [ページの移動/コピー] を表示する

❷ 移動先のノートブックを表示する

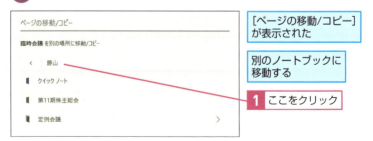

146 できる

❸ ノートブックとセクションを選択する

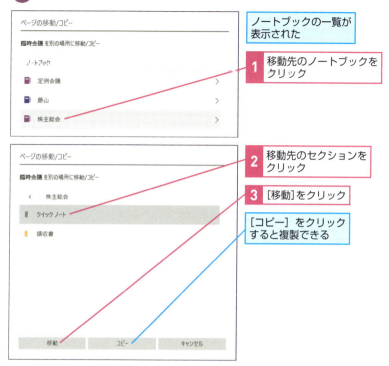

❹ ページが別のノートブックに移動する

ポイント

- ページをドラッグしても、別のセクションやノートブックに移動できます。
- セクションも同様の手順で移動できます。

089 ほかのページへのリンクを挿入する

OneNoteの別のページを参照するためのリンクを取得し、ページに貼り付けられます。インターネットのように関連性のあるページをワンクリックで行き来できるようになるため、活用の幅がとても広い機能です。例えば、顧客との商談を記録したページに、その顧客の名刺の写真を添付したページへのリンクを張っておく、といった使い方が考えられます。

1 リンクをコピーする

[ナビゲーション]を表示しておく

1 ページ名を右クリック

2 [ページへのリンクをコピー]をクリック

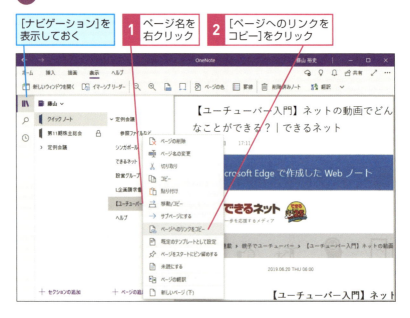

❷ ページへのリンクを貼り付ける

リンクがコピーされた　　[ホーム]タブを表示しておく

リンクを貼り付けたいページを表示しておく。

1 [クリップボード] → [貼り付け] の順にクリック

❸ リンクの動作を確認する

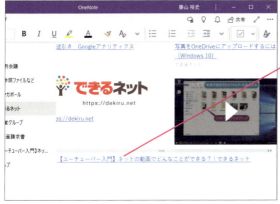

リンクがノートコンテナーに貼り付けられた

1 リンクをクリック

リンク先のページが表示された

[戻る]をクリックするとリンク元のページを表示できる

できる | 149

090 特定のページをスタートメニューに表示する

ショートカット　Windows / Mac / iOS / Android

よく使うファイルやメールのテンプレートなど、頻繁に使うページはWindowsのスタートメニューに追加しましょう。タイルをクリックするだけで、<mark>OneNoteの起動とページの表示が同時に実行</mark>できます。

1 ページをスタートメニューにピン留めする

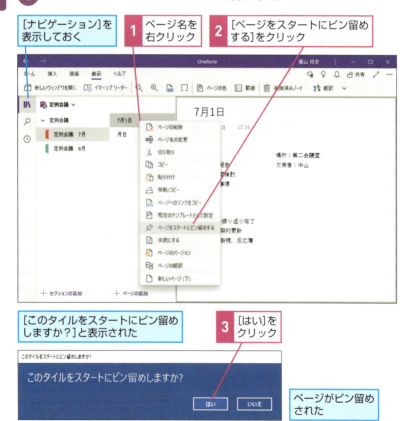

[ナビゲーション]を表示しておく

1. ページ名を右クリック
2. [ページをスタートにピン留めする]をクリック

[このタイルをスタートにピン留めしますか?]と表示された

3. [はい]をクリック

ページがピン留めされた

❷ スタートメニューのタイルを確認する

| スタートメニューを表示しておく | **1** ページ名のタイルをクリック |

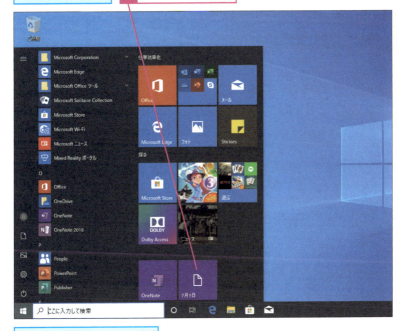

OneNoteが起動し、ページが表示される

ポイント

- セクションやノートブックをピン留めすることもできます。
- OneNoteのオプションで[新規ページタイルをスタート画面にピン留めする]をクリックすると、新規ページを作成するタイルを追加できます。
- Androidでは、ページを表示してメニューボタンから[ホーム画面に追加]をタップすると同様のことができます。

関連 010 OneNote の設定とオプション ……………………………… P.26

ノートシール / Windows | Mac | iOS | Android

091 ノートシールを付ける

「ノートシール」はOneNoteの特徴的な機能で、その名の通り、付けたり外したりできるシールのような役割をします。重要なら[重要]、上司への確認が必要なら[質問]など、==メモにすばやく目印を付けられます==。

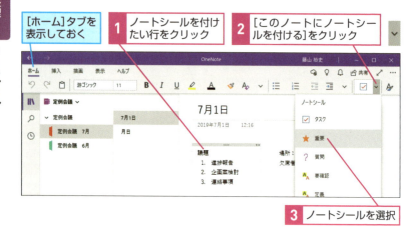

[ホーム]タブを表示しておく
1 ノートシールを付けたい行をクリック
2 [このノートにノートシールを付ける]をクリック
3 ノートシールを選択

[重要]ノートシールが付いた

ショートカットキー

Ctrl + 2 ……………………………… [重要] ノートシールを付ける/外す
Ctrl + 3 ……………………………… [質問] ノートシールを付ける/外す

092 ノートシールを削除する

ノートシールのメリットは、簡単に付け外しができることにあります。参照する機会が多いページは定期的に内容を見直し、重要でなくなったメモや用件が済んだメモからはノートシールを削除しましょう。

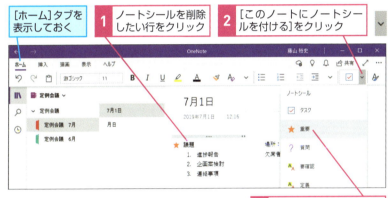

[ホーム]タブを表示しておく

1 ノートシールを削除したい行をクリック

2 [このノートにノートシールを付ける]をクリック

3 同じノートシールを選択

[重要]ノートシールが削除された

ショートカットキー

Ctrl + 0 …………………………………… すべてのノートシールを削除する

| ノートシール | Windows | Mac | iOS | Android |

093 ノートシールでタスクを管理する

動画で見る

ノートシールの1つである「タスク」は、チェックボックスの機能を持っています。ノートコンテナー全体に「タスク」ノートシールを付ければ、==メモの一覧をToDoリストのように活用==できます。

1 [タスク]ノートシールを付ける

ノートコンテナー全体をToDoリストにする

[ホーム]タブを表示しておく

1 ノートコンテナーをクリックして選択

2 [タスク]をクリック

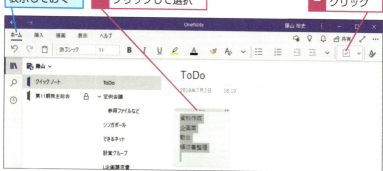

すべての行に[タスク]ノートシールが付いた

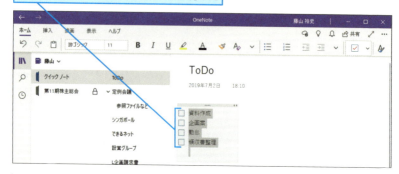

❷ タスクを完了済みにする

1 [タスク] ノートシールをクリック — チェックマークが付き、タスクが完了済みになった

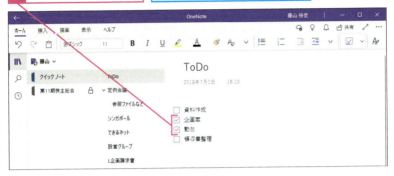

❸ 完了したタスクを元に戻す

1 チェックマークが付いた [タスク] ノートシールをクリック — [タスク] ノートシールのチェックマークが外れ、未完了に戻った

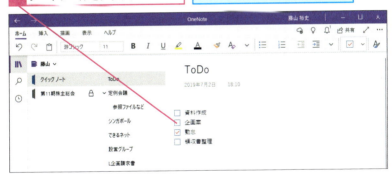

ショートカットキー

`Ctrl` + `1` …………… [タスク] ノートシールを付ける／完了済みにする／外す

関連 117 タスクリストを作成する …………………………………… P.190
      134 タスクと埋め込み資料でプロジェクト管理を促進 ………… P.228

できる 155

ノートシール

094 新しいノートシールを作成する

Windows | Mac | iOS | Android

ユーザー自身が、新しいノートシールを作ることも可能です。例えば、個人の業務とプロジェクトチームでの作業のそれぞれに<mark>専用の「タスク」ノートシールを作り、場面に応じて使い分ける</mark>といった使い方ができます。

1 ノートシールを作成する

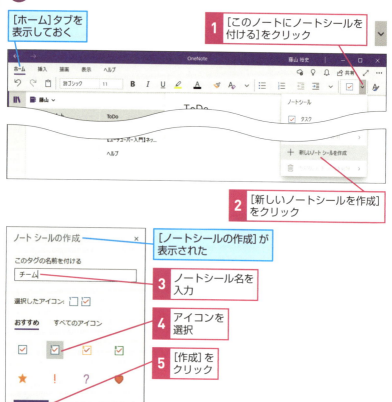

❷ 作成したノートシールを確認する

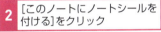

ショートカットキー

Ctrl + 6 ……………………………… 作成したノートシールを付ける／外す

検索 | Windows | Mac | iOS | Android

095 すべてのページを対象に検索する

OneNoteでメモをとる大きなメリットとして挙げられるのが、強力な検索機能です。ノートブック内のすべてのページを対象に検索すれば、必要なメモがどのセクションにあるかを把握していなくても探し出せます。

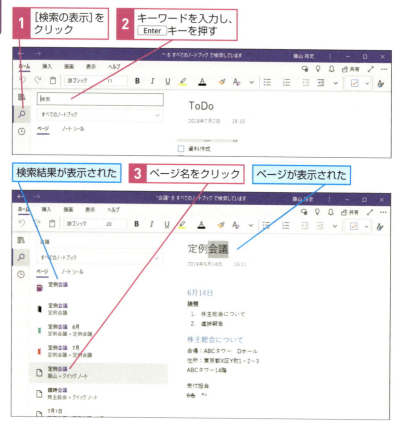

関連 125 すべてのページを対象に検索する（モバイルアプリ）……P.206

096 検索する対象を絞り込む

検索を行ったとき、指定したキーワードでは多くのページがヒットしすぎて目的のメモを見つけられない場合は、検索対象を特定のノートブックやセクション、ページに絞り込んでみましょう。

検索 　　　　　　　　　　　　　　　　　　　　　　　Windows | Mac | iOS | Android

097 ノートシールを検索する

ノートシールを付けたページだけを対象に、ノートブックを横断して検索できます。例えば、「タスク」ノートシールを検索すれば、==やるべきことが記録されたページをまとめてチェック==できるようになります。

[検索]を表示しておく　　**1** [ノートシール]をクリック

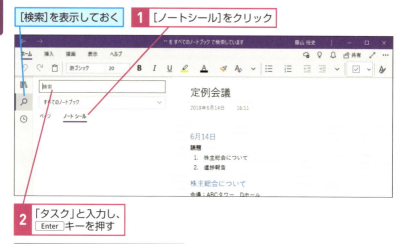

2 「タスク」と入力し、Enterキーを押す

「タスク」ノートシールが検索された

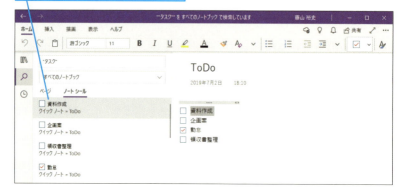

履歴 | Windows | Mac | iOS | Android

098 最近使ったページを参照する

直近で編集したページであれば、わざわざセクションをたどったり検索したりしなくても、「最近のノート」の一覧からすばやく表示できます。==頻繁に更新するページも、この一覧から参照すると効率的==です。

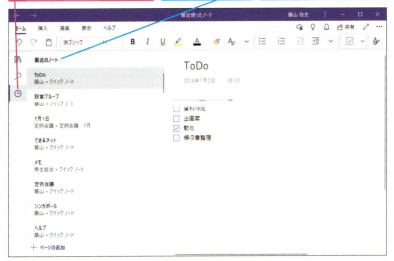

1. [最近使ったノートを表示]をクリック
- [最近のノート]が表示された
- 追加・更新日時が新しい順にページが並んでいる

ポイント

- iPhoneでは[最近のノート]にピンを付けてページを固定できます。
- パスワードで保護されているセクション内のページは表示されません。

関連 113 最近使ったページを参照する（モバイルアプリ）………… P.184

エクスポート　　　　　　　　　　　　　　　Windows | Mac | iOS | Android

099 ページを印刷する

OneNoteで作成したページは画面上で見るだけでなく、プリンターで印刷できます。OneNoteを使って資料を作成し、それを==印刷したものを会議や打ち合わせで配布==するといった使い方も可能です。

1 [印刷]を表示する

印刷したいページを表示しておく　　1 [設定とその他]をクリック

2 [印刷]をクリック

2 印刷する色や範囲を設定する

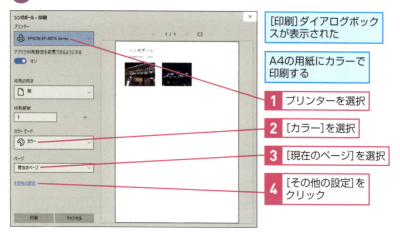

[印刷]ダイアログボックスが表示された

A4の用紙にカラーで印刷する

1 プリンターを選択

2 [カラー]を選択

3 [現在のページ]を選択

4 [その他の設定]をクリック

③ 用紙サイズなどを設定する

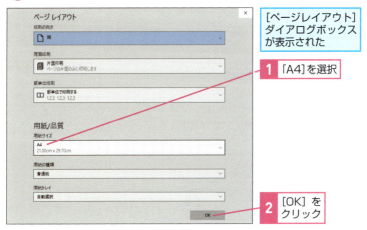

[ページレイアウト]ダイアログボックスが表示された

1 「A4」を選択

2 [OK]をクリック

④ 印刷する

[印刷]ダイアログボックスに戻った

1 [印刷]をクリック

プリンターからページが印刷される

ショートカットキー

Ctrl + P ……………………………………………………… 現在のページを印刷する

エクスポート

100 ページをPDFファイルとして保存する

OneNoteを使っていない人に、メモの内容をそのままメールで送信したいときは、ページをPDFファイルとして保存するといいでしょう。PDFファイルであれば、==デバイスやOSなどの環境に左右されずに表示==できます。

❶ プリンターを設定する

ワザ099を参考に[印刷]ダイアログボックスを表示しておく

1 プリンターで[Microsoft Print to PDF]を選択

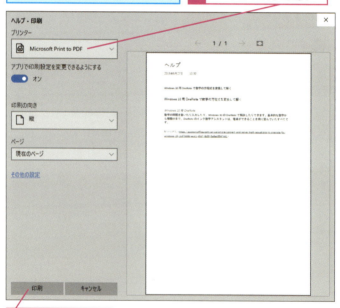

2 [印刷]をクリック

❷ PDFを保存する

[印刷結果を名前を付けて保存] ダイアログボックスが表示された

1 PDFファイルを保存したい場所を選択

2 ファイル名を入力

3 [保存]をクリック

ページがPDFファイルとして保存された

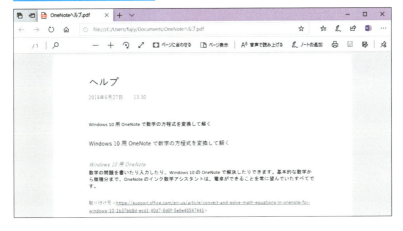

関連 099 ページを印刷する ……………………………………… P.162

できる | 165

アクセシビリティ

101 ページの不備をチェックする

ページをほかの人と共有するにあたっては、誰にでも読みやすい状態になっているかを「アクセシビリティチェック」で確認しましょう。タイトルの抜け、ノートコンテナーの多用といった不備がわかり、改善のヒントが得られます。

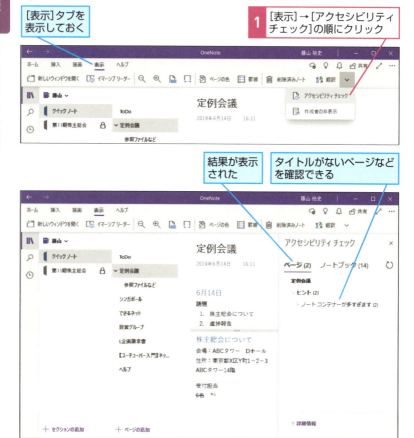

102 ページの内容を順番に表示する

PowerPointのスライドのように、ページの内容を入力した順番で次々に表示できるのが「再生」の機能です。打ち合わせのメモで活用すれば、どのような順番で議論が進んでいったのかをトレースできます。

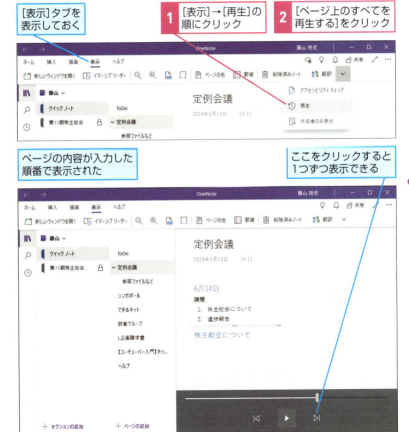

103 ページの内容を音声で読み上げる

ページ内のテキストを大きく表示して、音声で再生する機能を「イマーシブリーダー」と呼びます。日本語・英語をはじめとした言語で流暢に読み上げてくれるため、ほかの作業をしながらの内容確認や語学学習で役立ちます。

1 イマーシブリーダーを起動する

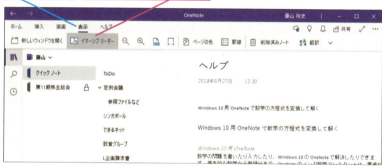

[表示]タブを表示しておく

1 [イマーシブリーダー]をクリック

2 ページの内容を再生する

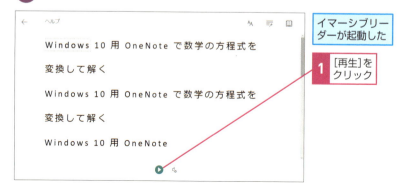

イマーシブリーダーが起動した

1 [再生]をクリック

❸ 音声を設定する

| ページの内容が音声で再生された | 再生している部分がハイライトされる | **1** [音声の設定]をクリック |

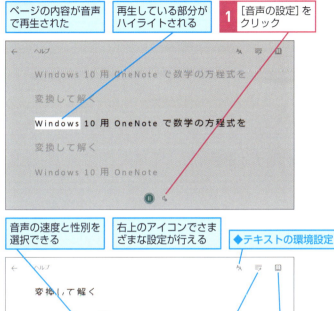

| 音声の速度と性別を選択できる | 右上のアイコンでさまざまな設定が行える | ◆テキストの環境設定 |

◆文章校正オプション　◆閲覧の環境設定

ポイント

- [テキストの環境設定]では、テキストの大きさやフォントを変更できます。
- [文章校正オプション]では、テキストを品詞で色分けするなどの設定ができます。
- [閲覧の環境設定]では、読み上げ時にフォーカスする行数などを変更できます。

できる 169

会議の詳細

104 Outlookの予定と連携する

Outlookを日常的に使っているなら、登録している予定をOneNoteでの議事録作成に活用しましょう。会議の日時や場所、参加者の名前などが入ったノートコンテナーを自動で作成し、入力の手間を軽減できます。

1 [会議の詳細] を表示する

[挿入]タブを表示しておく

1 [会議の詳細] をクリック

2 [Microsoftアカウントでサインイン]をクリック

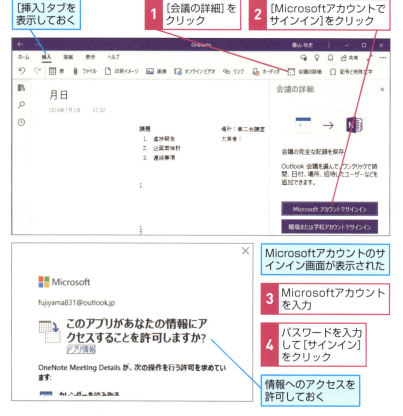

Microsoftアカウントのサインイン画面が表示された

3 Microsoftアカウントを入力

4 パスワードを入力して [サインイン] をクリック

情報へのアクセスを許可しておく

❷ 予定の日付を選択する

[会議の詳細]に今日の予定が表示された

1. [今日の会議]をクリック
2. 記録したい予定がある日付をクリック

❸ 予定の詳細をページに挿入する

Outlookの予定が表示された

1. 予定をクリック

予定の詳細がページに挿入された

105 Web版のOneNoteでノートブックを確認する

Windowsアプリなどが使えない環境でメモを参照したいときは、ブラウザーでWeb版のOneNoteにサインインしましょう。一部機能が制限されますが、見るだけなら支障はありません。利用後は必ずサインアウトしましょう。

▼ OneNote - デジタルノートアプリ
https://www.onenote.com/

① Web版のOneNoteにサインインする

[OneNote - デジタルノートアプリ]を表示しておく

1 [サインイン]をクリック

2 Microsoftアカウントでサインイン

② Web版のOneNoteでノートブックを開く

ノートブックの一覧が表示された

1 表示したいノートブックをクリック

❸ Web版のOneNoteでノートブックを確認する

❹ Web版のOneNoteからサインアウトする

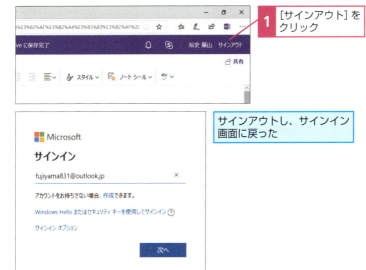

共有

106 ほかの人とノートブックを共有する

Windows | Mac | iOS | Android

社内や社外の関係者にOneNoteユーザーがいるなら、プロジェクトなどのノートブックを共有するのも一案です。資料や議事録を簡単に共有できるほか、全員が常に最新の情報を参照できる場として活用できます。

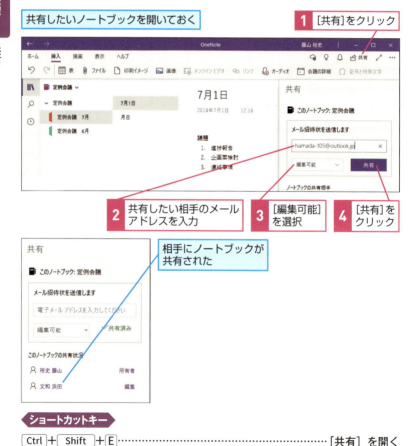

共有したいノートブックを開いておく

1 [共有]をクリック

2 共有したい相手のメールアドレスを入力

3 [編集可能]を選択

4 [共有]をクリック

相手にノートブックが共有された

ショートカットキー

Ctrl + Shift + E ……………………………………… [共有] を開く

共有

107 共有されたノートブックを編集する

ほかの人から共有されたノートブックを自分が参照する場合は、このワザのように操作します。最初はWeb版のOneNoteで表示されますが、==アプリでノートブックを開けば、自分のメモと同じ感覚で編集可能==です。

[OneDriveで"○○"を共有しました]という件名の招待メールを開いておく

1 [OneDriveで表示]をクリック

ブラウザーが起動し、Web版のOneNoteでノートブックが表示された

[ノートブックの編集]→[OneNoteアプリで編集]の順にクリックするとアプリで編集できる

108 ノートブックの共有権限を変更する

共有しているノートブックでは、後からでも共有相手の権限を変更できます。プロジェクトにおける役割などによって「編集」または「表示」を使い分け、意図せず情報が書き換わるなどの事故を防ぎましょう。

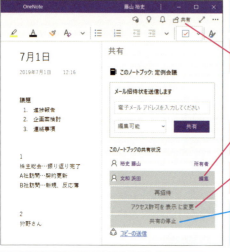

共有しているノートブックを開いておく

1 [共有]をクリック

2 権限を変更したい共有相手の[編集]をクリック

3 [アクセス許可を表示に変更]をクリック

[共有の停止]をクリックするとノートブックの共有を終了できる

権限が変更され、共有相手はノートブックを編集できなくなった

109 ノートブックを共有する リンクを作成する

共有 | Windows | Mac | iOS | Android

ノートブックを共有したい相手が多いときは、共有用のリンクを取得してメールなどで一斉に知らせると簡単です。リンクのURLを知っていれば誰でもアクセスできるため、管理には十分に注意しましょう。

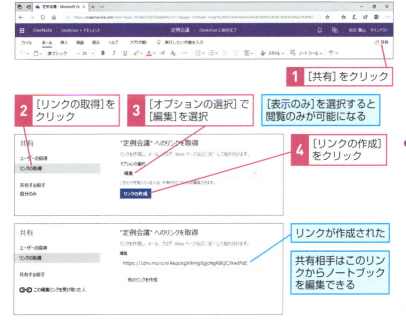

ポイント
- リンクで共有されたノートブックはWeb版のOneNoteからのみ閲覧・編集できます。
- Office 365を契約しているMicrosoftアカウントでは、Windowsアプリから共有用のリンクを取得できます。

110 ノートブックを削除する

不要なノートブックは閉じれば見えなくなりますが、今後も使う予定がないことが明らかであれば、削除してもいいでしょう。ノートブックの削除は、<u>OneDriveにある元のファイルを削除</u>することで行います。ノートブックはOneDriveのごみ箱に移動し、30日後に完全に削除されます。

関連 105 Web版のOneNoteでノートブックを確認する………P.172

第5章

モバイルアプリ

---

iPhone/Androidで特徴的な機能を理解

何でも記録できるOneNoteの真価は、パソコンとスマートフォンの両方で使ってこそ発揮されます。本章ではiPhoneアプリを中心に、モバイルでの使い方を解説します。

111 モバイルアプリの起動と初期設定

パソコンで作成したノートブックは、OneNoteのモバイルアプリでも参照できます。スマートフォンにインストールした後、同じアカウントでサインインして、外出先などより多くの場面で活用しましょう。

① アプリを起動する

OneNoteのiPhoneアプリをインストールしておく

ホーム画面を表示しておく

1 [OneNote]をタップ

OneNoteが起動した

2 [サインイン]をタップ

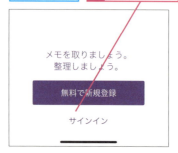

② サインインする

[サインイン]が表示された

1 Microsoftアカウントを入力

2 [次へ]をタップ

3 パスワードを入力して[サインイン]をタップ

[品質向上にご協力ください]と表示されたら[はい]または[いいえ]をタップする

❸ プッシュ通知を有効にする

[ノートの記録を保持する]が表示された

1 [OK]をタップ

2 ["OneNote"は通知を送信します。よろしいですか?]と表示されたら[許可]をタップ

❹ ノートブックを表示する

[ノートブックの選択]が表示された

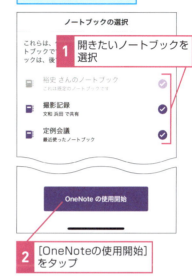

1 開きたいノートブックを選択

2 [OneNoteの使用開始]をタップ

[整理された生活を送る]と表示されたら[使ってみる]をタップする

ノートブックの一覧が表示された

関連 009 複数アカウントでのサインイン……………………………………P.24

ノートブック　　　　　　　　　　　　　　　　　　　Windows | Mac | iOS | Android

112 セクションやページを確認する

モバイルアプリでは、ナビゲーションとページを同時に表示できません。ノートブック、セクション、ページの階層を1つずつ下って表示しましょう。画面表示の縮小はピンチイン、拡大はピンチアウトの操作で行います。

1 セクションの一覧を表示する

ノートブックの一覧を表示しておく

1 ノートブック名をタップ

[その他のノートブック] をタップすると、ほかのノートブックを開ける

2 ページの一覧を表示する

セクションの一覧が表示された

1 セクション名をタップ

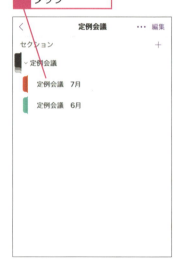

❸ ページを表示する

ページの一覧が表示された　　**1** ページ名をタップ

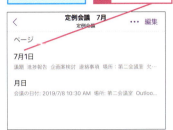

❹ ページの表示を縮小する

ページが表示された　　**1** 2本指でピンチイン

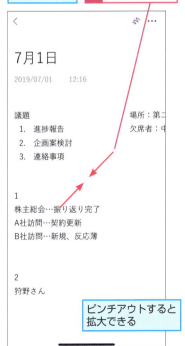

ピンチアウトすると拡大できる

❺ ページを縮小できた

ページが縮小された

ページの内容をタップすると編集できる

ここをタップすると前の画面に戻る

ノートブック | Windows | Mac | iOS | Android

113 最近使ったページを参照する

最近使ったページの一覧からでも、目的のメモを探せます。作成したばかりのページや、よく編集するページをすばやく開きましょう。iPhoneアプリでは、<mark>特定のページを目立つ位置に固定</mark>することもできます。

1 ［最近使ったノート］を表示する

ノートブックの一覧を表示しておく

1 ［最近使ったノート］をタップ

2 追加・更新された順にページが表示された

［最近使ったノート］が表示された

追加・更新日時が新しい順にページが並んでいる

ピンをタップすると上部に固定できる

関連 098 最近使ったページを参照する（パソコン向けアプリ）……P.161

114 ノートブックを最新の状態に同期する

複数のデバイス間で同じノートブックを開いているときや、ほかのユーザーと共有しているときには、ノートブックを最新の状態に同期して新しいページやメモがないかを確認しましょう。

1 ノートブックを同期する

ノートブックの一覧を表示しておく

1 画面を下にスワイプ

2 このアイコンが表示されたら指を離す

2 同期が開始された

ページの同期が開始された

セクションやページの一覧、ページの内容を表示しているときにも同様に操作できる

関連 084 ノートブックを最新の状態に同期する
　　　（パソコン向けアプリ） ……………………………… P.142

セクション | Windows | Mac | iOS | Android

115 セクションの保護を顔認証で解除する

動画で見る

重要な情報をメモするときにセクションの保護は便利ですが、スマートフォンでパスワードを入力するのは手間でもあります。iPhone X以降の機種に搭載された==顔認証機能「Face ID」を使って、簡単に解除==できるようにしましょう。最初にパスワードを入力して設定を有効にすれば、以降は顔認証のみでセクションの保護を解除できます。

1 [セクションのロックを解除]を表示する

セクションの一覧を表示しておく

1 パスワードで保護されたセクションをタップ

2 顔認証を設定する

[セクションのロックを解除]が表示された

1 [Face IDでロックを解除]をオンに設定

2 パスワードを入力

3 [ロック解除]をタップ

3 セクションの一覧に戻る

セクションのロックが解除され、ページの一覧が表示された

1 ここをタップ

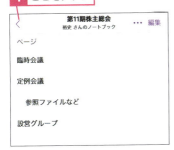

4 顔認証でセクションの保護を解除する

セクションの一覧に戻った

1 保護されたセクション名をタップ

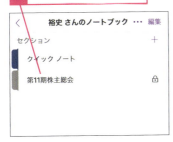

5 セクションの保護が解除された

1 iPhoneに顔を向ける

Face IDで顔が認識された

セクションのロックが解除され、ページの一覧が表示された

ポイント

- iPhone 8以前の機種では、Face IDの代わりに指紋認証機能「Touch ID」を使ってセクションの保護を解除できます。
- Androidでも、顔・指紋認証機能が搭載された機種で同様の設定が可能です。

関連 080 セクションをパスワードで保護する ………………………… P.134

116 新しいページを追加する

外出先で思いついたアイデアや、顧客との商談で話題になったことなどは、忘れないうちにメモしましょう。モバイルアプリでも==新しいページを作成でき、太字やインデントといった文字装飾の機能も使えます。==

1 ページを追加する

ページを追加したいセクションを表示しておく

1 ここをタップ

2 タイトルを入力する

ページが追加された

ツールバーとキーボードが表示された

1 タイトルを入力

2 改行をタップ

❸ メモを入力する

ページの本文にカーソルが移動した

1 文字を入力

メモが入力された

ここをタップすると、キーボードが非表示になり文字の入力が終了する

❹ 文字を装飾する

太字に設定する　**1** 文字を選択

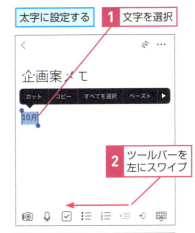

2 ツールバーを左にスワイプ

3 [B]をタップ

文字が太字になった

同様に斜体や下線、インデントなどを設定できる

117 タスクリストを作成する

ページ / Windows | Mac | iOS | Android

動画で見る

iPhoneアプリにはタスクの管理に特化した機能があり、[タスク]ノートシールが付いたページを簡単に作成できます。完了したタスク自体が消えるなど、**よりToDoリストに近い見た目での表示**が可能です。

1 タスクリストのページを追加する

タスクリストを作成したいセクションを表示しておく

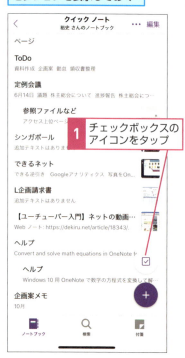

1 チェックボックスのアイコンをタップ

2 タスクを入力する

タスクリストのページが追加された

1 タスクを入力

2 改行をタップ

カーソルが次の行に移動した

続けてタスクを入力できる

[アイテムの追加]をタップすると最上部にタスクを追加できる

❸ タスクを並べ替える

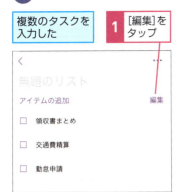

❹ タスクを完了する

タスクが完了し、非表示になった

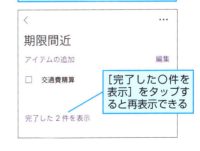

ポイント

● タスクリストをパソコン向けアプリやAndroidアプリで表示すると、[タスク]ノートシールが付いたページとして表示されます。

できる 191

画像 | Windows | Mac | iOS | Android

118 写真を撮影して ページに挿入する

紙の書類を取り込んでデータ化するとき、モバイルアプリで撮影すれば==スマートフォンのカメラをスキャナー代わりに==できます。転送作業などの手間をかけず、すぐにパソコンで見られるのもメリットです。

① カメラを起動する

ツールバーとキーボードを表示しておく

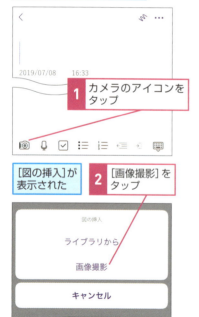

1 カメラのアイコンをタップ

[図の挿入]が表示された

2 [画像撮影]をタップ

["OneNote"がカメラへのアクセスを求めています]と表示されたら[OK]をタップする

② 撮影モードを切り替える

カメラが起動した　　紙の書類を撮影する

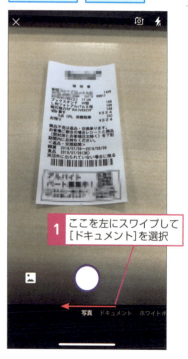

1 ここを左にスワイプして[ドキュメント]を選択

❸ 写真を撮影する

撮影モードが切り替わった	書類が認識されると枠が表示される

1 ここをタップ

❹ 撮影した写真を保存する

写真が撮影された	ここをタップすると写真を追加で撮影できる

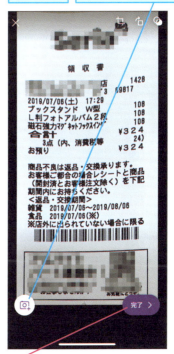

1 [完了]をタップ

写真がページに挿入される

> **ポイント**
> - Androidでは、写真撮影後の画面（手順4）の右上にペンのアイコンが表示され、写真に手書きのメモを書き込めます。
> - ワザ129で紹介するマイクロソフトのカメラアプリ「Office Lens」も便利です。名刺や書類の撮影に特化した機能を持ち、OneNoteと簡単に連携できます。

関連 129 名刺のデジタル化で探すイライラを解消 …………………… P.217
　　　 135 書類は画像やPDFにして紙を処分すればスッキリ ……… P.230

できる | 193

画像 | Windows | Mac | iOS | Android

119 保存されている写真をページに挿入する

iOSやAndroidの標準カメラアプリで撮影した画像など、すでに端末に保存されている写真もページに貼り付けられます。過去に撮影した書類をすぐに参照できるように、OneNoteで整理して保管しておきましょう。

1 写真の一覧を表示する

1 ツールバーを表示し、カメラのアイコンをタップ

[図の挿入]が表示された

2 [ライブラリから]をタップ

2 写真を選択する

写真の一覧が表示された

撮影済みの紙の書類を挿入する

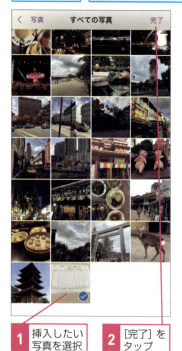

1 挿入したい写真を選択

2 [完了]をタップ

❸ 写真のモードを選択する

写真の編集画面が表示された

1 ここをタップ

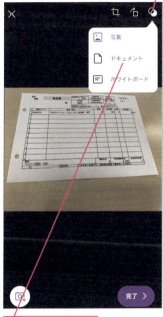

2 [ドキュメント]をタップ

❹ 写真を挿入する

写真が処理された

ここをタップすると画像が回転する

ここをタップすると切り抜く部分を変更できる

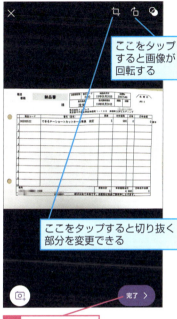

1 [完了]をタップ

写真がページに挿入された

オーディオ | Windows | Mac | iOS | Android

120 音声を録音する

モバイルアプリにも録音機能があります。会議や打ち合わせ、講演などを記録したいときに便利なほか、テキストで入力する時間がないときに==自分の音声をメモとして残し、あとから書き起こす==といった使い方もできます。

1 音声を録音する

ツールバーとキーボードを表示しておく

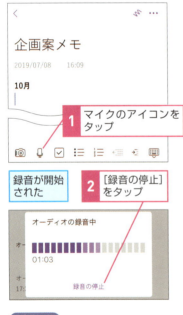

1 マイクのアイコンをタップ

録音が開始された | 2 [録音の停止] をタップ

2 音声を再生する

録音が停止し、ページに音声が挿入された

1 音声のアイコンをタップ | 2 [再生] をタップ

音声が再生された

ポイント
- モバイルアプリでは録音しながらメモをとることはできません。

関連 060 音声を録音しながらメモをとる ……………… P.100

☑ 手書き　　　　　　　　　　　　　　　　　Windows | Mac | iOS | Android

121 手書きでメモをとる

スマートフォンやタブレットなら、<mark>タッチ操作を生かした手書き入力</mark>が行えます。文字や図形をすばやく書き込むほか、もともとページ内にあるテキストや写真の一部分を指し示す用途にも便利です。

❶ ペンを選択する

ページを表示しておく

1 ここをタップ

手書き入力モードになった

2 ペンをタップ

❷ 手書きでメモをとる

1 指で画面をなぞって手書きで入力

手書きのメモが入力された

2本の指でスワイプするとページがスクロールする

次のページに続く

できる　197

③ 手書きのメモを削除する

間違った部分を削除する

1 消しゴムをタップ

2 消したい部分をタップ

1回の操作で書いた部分が削除された

画面をなぞると、複数回の操作で書いた部分をまとめて削除できる

④ 蛍光ペンを引く

1 蛍光ペンをタップ

2 指で画面をなぞる

メモや写真に重ねて強調できる

⑤ 手書きでの入力を終了する

テキスト入力モードに戻す

1 [完了]をタップ

手書き入力モードが終了する

iPadではデジタルペンの持ち方を設定できる

iPadアプリでは、パソコン向けアプリと同様に[描画]タブから手書き入力を行います。Apple Pencilなどのデジタルペン(スタイラス)を使う場合は、==あらかじめ持ち方を設定しておく==と快適に書き込めます。

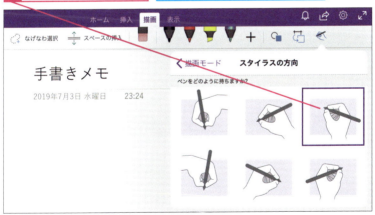

ポイント

- Androidでは、ペンのアイコンを長押しすると太さや色を変更できます。
- モバイルアプリの手書きメモは、パソコン向けアプリで入力した手書きメモと同様に操作できます。ワザ054のように手書きした文字をテキストに変換することも可能です。

関連 054 手書きのメモをテキストに変換する ……………………………P.90

122 Webページの内容を保存する

Webの記録 / Windows | Mac | iOS | Android

モバイルアプリ Webの記録

外出先で見たWebページに気になる情報が載っていたら、モバイルアプリですばやく保存しましょう。タイトルとURLに加えて、==ページの内容を画像として残せる==ので、会員制サイトの有料記事の保存などにも有効です。

1 共有メニューを表示する

Safariを起動し、保存したい
Webページを表示しておく

1 ここをタップ

2 [アクティビティ] を表示する

共有メニューが表示された

1 ここを左にスワイプ

2 [その他]をタップ

200 できる

❸ OneNoteを共有メニューに追加する

[アクティビティ]が表示された

1 [OneNote]をオンに設定   **2** [完了]をタップ

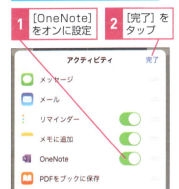

共有メニューに[OneNote]が追加された

3 [OneNote]をタップ

❹ WebページをOneNoteに保存する

[OneNote]が表示された

1 [場所]をタップして保存するセクションを選択   **2** [送信]をタップ

Webページの内容が保存される

ポイント

- AndroidではChromeのメニューボタンにある[共有]から操作します。[共有方法]の一覧にOneNoteが表示され、iPhoneと同様に保存できます。

関連 063 Webページの内容をさまざまな形式で保存する ………… P.107

123 ページを別のセクションやノートブックに移動する

モバイルアプリでも、パソコン向けアプリと同様にページの移動や複製ができます。不要になったメモを別のセクションに移動させるなど、==外出中の空き時間にノートブックを整理==できます。

❶ ページ選択の画面を表示する

ページの一覧を表示しておく

1 [編集]をタップ

❷ ページを選択する

1 移動したいページを選択

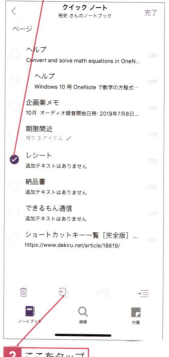

2 ここをタップ

❸ 移動先を選択する

1 [移動]をタップ

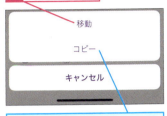

[コピー]をタップするとページを複製できる

[このページを新しいセクションに移動します]と表示された

[戻る]をタップするとノートブックを選択できる

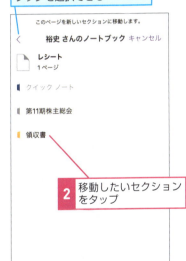

2 移動したいセクションをタップ

ページが移動する

❹ 移動したことを確認する

1 移動先のセクションをタップ

ページが移動したことを確認できた

関連 088 ページを別のセクションやノートブックに移動する
（パソコン向けアプリ） ………………………………………… P.146

付箋

124 付箋でメモをとる

Windows 10には「Sticky Notes」という付箋アプリが標準でインストールされており、パソコンのデスクトップにメモを貼り付けるような感覚で使えます。OneNoteはStiky Notesと連携できるので、ちょっとしたメモを残したい場面で活用しましょう。付箋にはカラフルな色を設定できるほか、太字や箇条書きの書式を適用したり、画像を貼り付けたりできます。

1 付箋を追加する

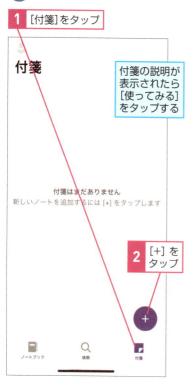

1. [付箋]をタップ
2. [+]をタップ

付箋の説明が表示されたら[使ってみる]をタップする

2 付箋の内容を入力する

1. 文字を入力
2. ここをタップ

写真を挿入できる

箇条書きの書式にできる

❸ 付箋の色を変更する

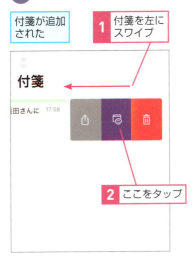

付箋が追加された

1 付箋を左にスワイプ

2 ここをタップ

❹ 付箋の色を変更できた

1 色を選択

付箋の色が変わった

2 [×]をタップして閉じる

❺ 付箋をパソコンで表示する

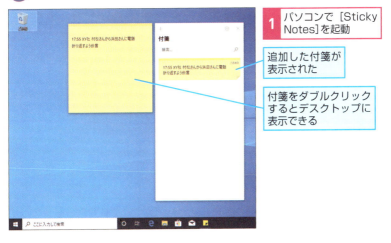

1 パソコンで[Sticky Notes]を起動

追加した付箋が表示された

付箋をダブルクリックするとデスクトップに表示できる

ポイント

- Windowsで作成した付箋も、同様にモバイルアプリで表示できます。

できる | 205

検索 | Windows | Mac | iOS | Android

125 すべてのページを対象に検索する

パソコンよりも画面が小さく、一覧性が低いスマートフォンでは、検索機能を上手に活用しましょう。範囲の指定やノートシールの検索はできませんが、==開いているノートブック内のページを横断的に検索==できます。

1 ノートブックを検索する

1 [検索]をタップ

2 文字を入力

3 [検索]をタップ

2 検索結果を切り替える

検索結果が表示された

スマートフォンで開いているすべてのノートブック内が検索される

[付箋]をタップすると付箋のみの結果が表示される

126 OneDriveにあるファイルを添付する

ファイル | Windows | Mac | iOS | Android

スマートフォンにOneDriveのアプリをインストールしておくと、モバイルアプリからOneDrive上のファイルをページに添付できます。外出前に添付し忘れた資料があっても、スマートフォンを使って==移動中に情報の集約が可能==です。

1 OneDriveアプリにサインインする

OneDriveのiPhoneアプリをインストール・起動しておく

1 Microsoftアカウントを入力してサインイン

OneNoteアプリと連携できるようになる

2 [ブラウズ]画面を表示する

OneNoteアプリでファイルを添付したいページを表示しておく

1 ツールバーを左にスワイプ

2 [添付]をタップ

次のページに続く

③ OneDriveを追加する

[ブラウズ]画面が表示された

表示されない場合は
[場所]をタップする

1 [編集]をタップ

2 [OneDrive]を
オンに設定

3 [完了]を
タップ

④ フォルダーを開く

場所の一覧に[OneDrive]
が追加された

1 [OneDrive]をタップ

2 添付したいファイルがある
フォルダーをタップ

❺ 添付したいファイルを選択する

1 ファイルをタップ

ページにファイルが添付された

❻ ファイルのプレビューを表示する

1 添付されたファイルをタップ

2 [▶]をタップ

3 [プレビュー]をタップ

ファイルのプレビューが表示された

関連 047 ページにファイルを添付する……………………………………P.76

127 OneNoteバッジからメモをとる

Androidアプリ固有の機能として、Androidのホーム画面から新しいページを追加できる「バッジ」があります。==ほかのアプリの使用中でも、[クイックノート]セクション内にすばやくメモを作成==できます。

1 [設定]画面を表示する

OneNoteのAndroidアプリをインストール・起動しておく

1 メニューボタンをタップ

2 [設定]をタップ

2 OneNoteバッジをオンにする

OneNoteアプリの[設定]画面が表示された

1 [OneNoteバッジ]をオンに設定

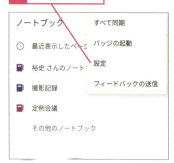

❸ OneNoteバッジの表示を許可する

OneNoteバッジの説明が表示されたら[OK]をタップする

[OneNote バッジ]が表示された

1 [設定を開く]をタップ

Androidの[設定]アプリに切り替わった

2 [他のアプリの上に重ねて表示できるようにする]をオンに設定

❹ OneNoteバッジをホーム画面に追加する

OneNoteアプリに切り替え、[設定]画面を表示しておく

1 [ホーム画面にOneNoteバッジを追加]をタップ

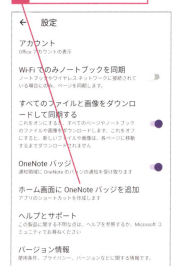

[ホーム画面に追加]が表示された

2 [自動的に追加]をタップ

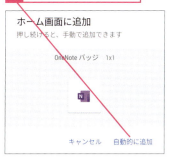

次のページに続く

できる 211

モバイルアプリ OneNoteバッジ

❺ OneNoteバッジを追加できた

ホーム画面の上部にOneNoteバッジが表示された

1 OneNoteバッジをタップ

バッジが表示された

❻ アプリの起動中にクイックノートを表示する

Google Chromeの起動中にメモをとる

1 バッジをタップ

❼ メモを追加する

1 文字を入力　**2** ここをタップ

クイックノートにページが追加される

❽ OneNoteバッジを非表示にする

1 バッジを長押し　［×］が表示された

2 そのまま［×］までドラッグ　バッジが削除される

212 できる

第6章

ビジネス活用

仕事で使える実践的なメモ術を伝授

議事録や名刺管理をはじめ、OneNoteはビジネスのさまざまな場面で活用できます。本書で身につけた操作を応用し、デジタルなメモ術を実践していきましょう。

議事録の作成　　　　　　　　　　　　　　　Windows | Mac | iOS | Android

128 音声と写真も記録して完全な議事録を作る

OneNoteでは、会議や打ち合わせの内容をテキストで記録するだけでなく、マイクを使って音声を録音したり、ホワイトボードを撮影したりすることで、詳細な議事録を残せます。Outlookとの連携機能も便利です。

出席者の発言を録音しながらテキスト入力

会議中は議題や決定事項、今後やるべきことなどをテキストでメモするだけでなく、事前に断ったうえで、出席者の発言を[オーディオ]の機能で録音しておくといいでしょう。後で不明点があったときにも、メモを入力した箇所から頭出しして音声を再生すれば、正確な発言内容を確認できます。最近のノートパソコンでは多くの機種がマイクを内蔵しているため、簡単に録音が可能です。メモの入力や頭出しはできませんが、スマートフォンで録音したり、ボイスレコーダーの音声ファイルを添付したりして同期する方法もあります。

テキストのメモをとりつつ、音声も録音する

ホワイトボードの内容をカメラで撮影

重要な論点や決定事項、図示する必要がある内容は、ホワイトボードに板書されることがよくあります。会議終了後は消す必要がありますが、その内容を後から参照できるように、スマートフォンのカメラで撮影しておくと安心です。このとき、撮影モードを[ホワイトボード]にしておけば、書き込まれた部分だけが残るようにトリミングされるとともに、文字や図形が見やすく補正されます。

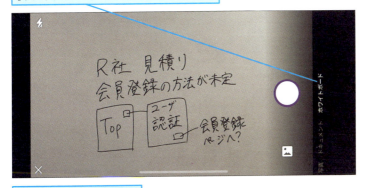

[ホワイトボード]を選択した状態で撮影する

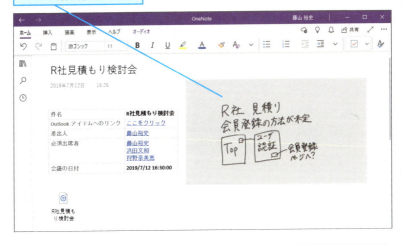

自動的に補正された写真がページに貼り付けられる

次のページに続く

Outlookの予定からページを作ることもできる

会議や打ち合わせのスケジュールをOutlookで管理しているなら、OneNoteとの連携機能を活用しましょう。Outlookの予定は、OneNote側から操作するワザ104で解説した方法のほか、Outlookの予定の詳細画面にある[会議ノート]から、件名や日付、出席者などの情報をOneNoteに取り込む方法があります。Outlook側から操作した場合は、OneNoteに予定の情報を記載したページが自動的に作成されます。

Outlookで予定の詳細画面を表示しておく

[会議ノート]をクリックすると、予定の内容が記録されたページがOneNoteで作成される

ポイント

- 定例会議の議事録では、ワザ081で解説したテンプレートも役立ちます。定例会議用のセクションを作成し、通常の出席者や議題を入力したページをテンプレートに設定しましょう。ページを追加するたびに同じ情報が入力されるため、日付や追加の出席者・議題を書き換えるだけで概要を整理できます。

関連
- 060 音声を録音しながらメモをとる ……………………………………… P.100
- 081 テンプレートを設定する ………………………………………………… P.137
- 104 Outlook の予定と連携する ……………………………………… P.170
- 118 写真を撮影してページに挿入する……………………………… P.192

名刺の管理　　　　　　　　　　　　　　　　　Windows | Mac | iOS | Android

129 名刺のデジタル化で探すイライラを解消

名刺はビジネスパーソンに欠かせませんが、たまった名刺の束から連絡をとりたい相手を探すのは煩わしいもの。高性能なカメラアプリ「Office Lens」とOneNoteを組み合わせて、デジタルな名刺管理を始めましょう。

文字の認識精度が高いOffice Lensを活用

Office Lensとは、マイクロソフトが無料で提供しているiPhone/Android向けのカメラアプリです。ホワイトボードやドキュメントに加え、名刺に特化した撮影モードを備えており、撮影した名刺に含まれる文字を高い精度で認識できます。本書の付録(P.235)を参考に、スマートフォンにインストールしておくことをおすすめします。撮影の操作はOneNoteのカメラ機能と同様です。

◆Office Lensアプリ

撮影モードを[名刺]にして撮影する

次のページに続く

撮影した名刺はOneNoteに保存される

OneNoteとのシームレスな連携ができるのも、Office Lensを使うメリットです。OneNoteと同じMicrosoftアカウントでOffice Lensにサインインすると、撮影した名刺が貼り付けられたOneNoteのページをすぐに作成できます。撮影後の[エクスポート先]画面で、ページのタイトルと保存先のセクションを指定しましょう。標準では、クイックノートがあるノートブック内に[Contacts]セクションが作成され、そこに保存されます。

名刺内の文字を自動的にテキスト変換

Office LensからOneNoteに保存された名刺は、写真に含まれる文字を認識するOCR機能により、名前や社名、住所、メールアドレスなどがテキスト化されて貼り付けられます。目的の名刺を名前や社名で検索できるため、名刺の束から探す煩わしさから解放されるでしょう。ただし、<mark>文字の認識精度は名刺のデザインや画質によって左右される</mark>ので、適切にテキスト変換できているか、必ず確認するようにしましょう。

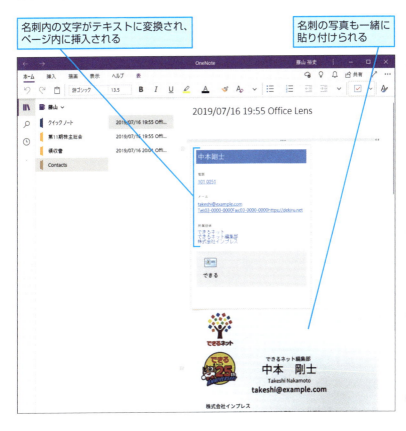

名刺内の文字がテキストに変換され、ページ内に挿入される

名刺の写真も一緒に貼り付けられる

関連 039 画像内の文字をテキストに変換する …………………………… P.64
095 すべてのページを対象に検索する ………………………………… P.158
118 写真を撮影してページに挿入する ………………………………… P.192

130 ECサイトのブックマークで備品の注文を効率化

備品の管理

Windows | Mac | iOS | Android

コピー用紙やボールペンといった繰り返し購入する備品は、ECサイトの商品ページをOneNoteに記録しておくのがおすすめです。サイトで検索したり、購入履歴から探したりするよりも注文を効率化できます。

Clipperで商品の購入ページをブックマーク

まず、備品をまとめるためのセクションを用意します。数が多ければ「備品カタログ」といった名前でセクショングループを作成し、その下に「文具」「梱包資材」などのセクションを作るといいでしょう。続いて、Amazonやアスクル、たのめーるといったECサイトにアクセスし、商品の購入ページをOneNote Web Clipperでクリップします。URLが記録できればいいので、[ブックマーク]として取り込めばOKです。

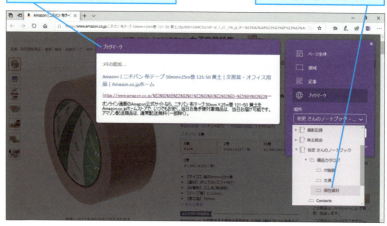

OneNote Web Clipperで[ブックマーク]として保存する

備品管理用のセクションにページをまとめておく

複数サイトの購入ページを一元化できる

このように備品を管理していくと、購入先が複数のECサイトに分かれていても、購入ページはOneNoteという1つの場所に集約された状態にできます。何らかの備品が必要になったら、OneNoteで商品名を検索してクリップしたブックマークを開けば、それを購入できるECサイトの該当ページに即座にアクセスが可能です。加えて「いつ、何個購入したのか」といったメモも入力しておけば、購入履歴の管理にも役立ちます。

備品を購入するときはOneNoteのブックマークから
ECサイトにアクセスする

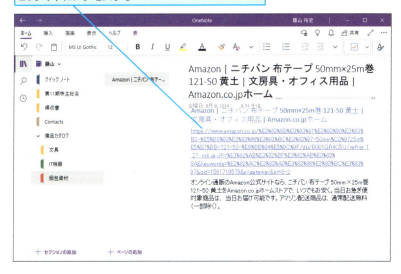

ポイント

- iPhone/iPadやAndroidでは、ECサイトのアプリまたはブラウザーで商品の購入ページを表示し、アプリの共有機能やワザ122の方法でOneNoteに保存すれば同様のことができます。

関連 063 Webページの内容をさまざまな形式で保存する ………… P.107
　　　075 新しいセクションを追加する …………………………… P.129
　　　079 セクショングループを作成する ………………………… P.133
　　　122 Webページの内容を保存する …………………………… P.200

商談での活用 | Windows | Mac | iOS | Android

131 情報を1つに集約すれば取引先訪問で慌てない

取引先を訪問したとき、相手の名前が思い浮かばない、プレゼン用のファイルが見つからないなどのトラブルを経験したことはありませんか？ OneNoteに必要な情報をまとめておけば、もう慌てることはありません。

担当者名や地図のURLを1つのページに

訪問のアポイントメントがとれたら、==日時や取引先名、担当者名、電話番号などを記載したページを作成==しましょう。過去に名刺交換をした相手なら、名刺を取り込んだページへのリンクを張るのも有効です。また、パソコンのブラウザーでGoogleマップにアクセスし、訪問先のスポット情報のURLをOneNoteのページに貼り付けておけば、スマートフォンでタップしたとき、すぐにGoogleマップのアプリを起動できます。

Googleマップにアクセスし、訪問先のスポット情報を表示した

[共有リンク]のURLをOneNoteのページに貼り付けておくと、スマートフォンのアプリですぐに表示できる

プレゼン資料を添付しておけば見失わない

PowerPointを使ってプレゼンを行う予定なら、担当者の情報などをまとめたページに、そのファイルを添付しておきましょう。実際にプレゼンを行うとき、パソコン内のフォルダーを開いて探し回らずに済みます。==ファイルだけでなく印刷イメージも貼り付けて、スマートフォンですぐに見られるようにしておく==のもいいでしょう。取引先に向かう電車内で見ながら話す内容を練っておけば、余裕を持ってプレゼンに臨めるはずです。

ページにプレゼン資料を添付しておく

印刷イメージも貼り付けておけば、移動中でも内容を確認できる

関連	047	ページにファイルを添付する	P.76
	050	ファイルの印刷イメージを挿入する	P.82
	089	ほかのページへのリンクを挿入する	P.148

出張での活用

132 出張のすべてを記録して移動や後処理をラクに

OneNoteはスマートフォンでも使えるため、外出先でも気軽にメモを参照できます。このメリットは遠方への出張でも大いに役立ち、現地での時刻表や地図、経費の領収書を取り込むなどの活用法があります。

現地情報を記録して事前に同期しておく

出張では慣れない土地に出向くこともあるため、「現地で調べればいい」と思っていると、予期せぬトラブルに見舞われるかもしれません。利用する駅の時刻表、新幹線や飛行機のチケット、宿泊先の情報などは、OneNote Web Clipperで記録しておきましょう。このとき、ブックマークではなく[ページ全体]や[記事]として保存し、スマートフォンで事前に同期しておけば、通信できない環境でも表示できるため安心です。

Clipperで時刻表のWebページを[ページ全体]として保存する

オフラインで見たい地図は印刷機能を使う

目的地の地図をOneNoteに記録したいとき、オフラインでも参照できるようにするには、パソコンのブラウザーの印刷機能を使うと便利です。印刷時のプリンターとしてOneNoteを指定することで、印刷イメージのPDFをOneNoteのページに貼り付けた状態で保存できます。例えば、Yahoo!地図では以下の画面のように見やすい地図をPDFとして取り込めます。

ブラウザーで印刷するとき、[プリンター]や[送信先]として[OneNote]を選択する

経費の領収書はスマホのカメラで撮っておく

出張で使った交通費などの経費精算は、とても面倒な作業です。帰りの移動中などに、スマートフォンのカメラを使って領収書をOneNoteに取り込んでおきましょう。後で申請するときの手間を大幅に削減できます。

関連 063 Webページの内容をさまざまな形式で保存する ………… P.107
　　　114 ノートブックを最新の状態に同期する ……………………… P.185
　　　118 写真を撮影してページに挿入する …………………………… P.192

資料への書き込み　　　　　　　　　　　　　Windows | Mac | iOS | Android

133 タブレット＋手書きで修正指示がはかどる

ほかの人が作成した資料に対して修正の指示をしたいとき、OneNoteでは「手書き」という方法も有効です。WindowsタブレットやiPad、そしてデジタルペンがあれば、紙に文字を書くような感覚で作業できます。

元の資料は印刷イメージとして取り込む

部下や外部スタッフが作成した資料に指示を書き込むといった用途では、OneNoteの手書き機能が大いに活躍します。まさに「赤ペンで添削する」ように、直感的な作業が可能です。このとき、元の資料がデジタルデータ（ファイル）であれば、［印刷イメージとして挿入］を選択してPDFとして取り込むといいでしょう。紙の資料であれば、スマートフォンのカメラで撮影モードを［ドキュメント］にしてページに貼り付けておきます。

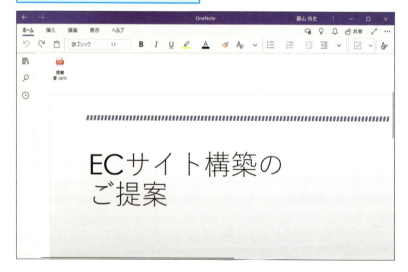

元の資料がファイルなら印刷イメージとして挿入する

修正指示を書き込んだらPDFにして送信

取り込んだ資料はWindowsタブレットやiPadで同期し、「Surfaceペン」や「Apple Pencil」などのデジタルペンを使って指示を書き込むのが理想的です。マウスや指よりも圧倒的にストレスがなく、読みやすい形で指示を残せます。図を使って修正内容を示したいときは、[インクを図形に変換]の機能を使うと見栄えがよくなります。修正指示を書き終えたら、ページをPDFに変換して保存し、対象者にメールで送信しましょう。

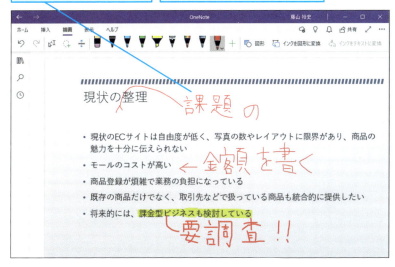

手書き機能とデジタルペンを使って指示を書き込む

書き終えたページはPDFファイルにして送信する

関連	050	ファイルの印刷イメージを挿入する	P.82
	051	手書きでメモをとる	P.84
	055	手書きのメモを図形に変換する	P.92
	100	ページをPDFファイルとして保存する	P.164

資料の共有　　　　　　　　　　　　　　　　　　　Windows | Mac | iOS | Android

134 タスクと埋め込み資料でプロジェクト管理を促進

複数人で構成されるプロジェクトチームで作業を進めるとき、OneNoteは情報共有の手段として活用できます。共有ノートブックにやるべきことを列記しておくと便利なほか、関連資料を集約しておけばすばやく参照できます。

進捗確認にはタスクノートシールを使う

まず、プロジェクト専用のノートブックを作成し、ほかのメンバーと共有しておきます。このとき「どのようなセクション構成にするのか」といった利用ルールを決めておくと、後々の混乱を避けられます。プロジェクトの進捗は、1つのページに[タスク]ノートシールを使ったリストを作成して管理するといいでしょう。タスクにインデントを設定して階層化しておくと、工程ごとの進捗を把握しやすくできます。

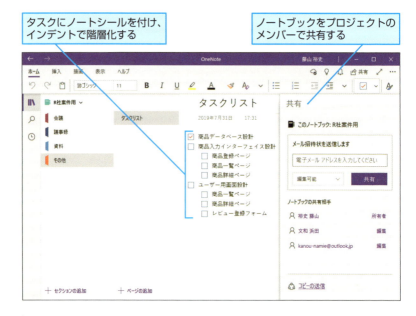

タスクにノートシールを付け、インデントで階層化する

ノートブックをプロジェクトのメンバーで共有する

OneDrive上の資料を埋め込めば常に最新

プロジェクトの関連資料は、複数人が異なるタイミングで参照することになります。誰がいつ見ても最新の内容を参照できるよう、ページにファイルを添付するのではなく、[OneDriveにアップロードしてリンクを挿入] を選択することをおすすめします。元のファイルがOneDriveにアップロードされ、そのファイルを全員が参照することになるため、ファイルに加えられた変更をすぐに把握できるようになります。

資料をOneDriveにアップロードしてページに埋め込む

ページを表示するたびに変更が反映され、常に最新の内容を参照できる

関連 048 OneDriveにファイルをアップロードして埋め込む………P.78
　　　082 新しいノートブックを追加する………………………………P.138
　　　093 ノートシールでタスクを管理する……………………………P.154
　　　106 ほかの人とノートブックを共有する …………………………P.174

資料の保管　　　　　　　　　　　　　　　　Windows | Mac | iOS | Android

135 書類は画像やPDFにして紙を処分すればスッキリ

おそらくもう必要ないけれど、捨ててしまうと後で困るかも……。そうした書類はデジタル化してOneNoteに保存し、紙は処分しましょう。スマートフォンのカメラを使えば、書類をすばやく画像にして取り込めます。

書類の整理には手間をかけないのがコツ

特に重要ではない「もしかしたら見るかも」程度の書類は、細かい分類は考えず「保管用」などと名付けたセクションにどんどん取り込んでしまいましょう。後で参照するかどうかも分からないのに、セクション構成に頭を悩ませるのは時間のムダです。スマートフォンのOneNoteアプリ、または名刺管理で紹介したOffice Lensアプリを使い、次々に書類を撮影していきます。いずれのアプリでも、一度に複数のページを取り込めます。

Office Lensアプリで書類を撮影する

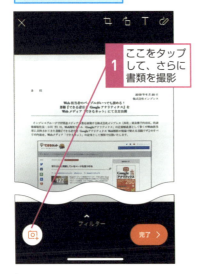

1 ここをタップして、さらに書類を撮影

複数ページの書類を一度に撮影できる

必要になったときは検索機能に頼る

ページ数が多い書類は、自動原稿送り機能がある複合機やスキャナーを使ってPDF化してからOneNoteに取り込むのもおすすめです。こうして作成した書類ごとのページは、簡単なタイトルだけ付けて保存しておきましょう。後で必要になったときには、タイトルのほか、<mark>画像やPDF内の文字を頼りに検索すれば探し出せます</mark>。解像度が低かったり、ブレていたりすると認識されにくくなるため、できるだけキレイに撮影・スキャンするようにします。

画像やPDF内の文字をテキストで検索できる

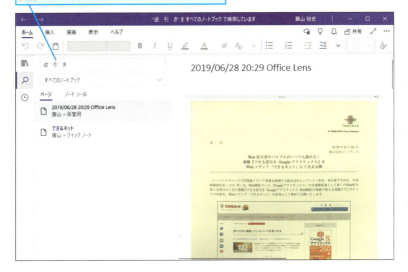

ポイント

- 画像やPDF内の日本語については、文字間に半角スペースが入った状態で認識されることが多いようです。例えば「できる」と検索してもヒットしないときは、「で き る」のように入力して検索してみましょう。

関連 095 すべてのページを対象に検索する……………………………P.158
　　　118 写真を撮影してページに挿入する……………………………P.192
　　　129 名刺のデジタル化で探すイライラを解消……………………P.217

記録の自動化　　　　　　　　　　　　　　　　　　　Windows｜Mac｜iOS｜Android

136 「いいね」したツイートを 自動保存して情報収集を加速

ビジネス活用

記録の自動化

Twitterでニュースサイトや企業の公式アカウント、注目している人物をフォローし、情報収集に役立てている人は多いでしょう。気になるツイートを「いいね」するだけでOneNoteに取り込むワザを紹介します。

Webサービスの処理を自動化するIFTTTを活用

TwitterやFacebookなどのWebサービスと連携し、さまざまな処理を自動化できる「IFTTT」（イフト）という無料サービスがあります。自動化は「レシピ」と呼ばれるテンプレートに従って実行されるため、プログラミングは不要です。ここでは「Send your liked Tweets to OneNote」というレシピを使って、Twitterで「いいね」したツイートをOneNoteに取り込みます。パソコンのブラウザーでIFTTTにアクセスし、レシピを検索しましょう。

▼ IFTTT
https://ifttt.com/

> IFTTTのアカウントを作成し、サインインしておく

> 「Send your liked Tweets to OneNote」というレシピを検索する

232　できる

TwitterとOneNoteのアカウントを連携させる

「Send your liked Tweets to OneNote」のレシピを有効にすると、TwitterとOneNoteの自分のアカウントに対して、IFTTTがアクセスすることを許可する操作が要求されます。ブラウザーでTwitterとOneNoteにサインインし、それぞれへのアクセスを許可しましょう。この操作が完了すると、レシピのページに「Connected」と表示され、両サービスのアカウントがIFTTTを介して連携している状態になります。

「Send your liked Tweets to OneNote」のレシピで[Connect]をクリックする

Twitterにサインインし、[連携アプリを認証]をクリックしてアクセスを許可する

同様にOneNoteにサインインし、アクセスの許可について[はい]をクリックする

次のページに続く

実際に「いいね」をしてレシピの動作を確認

連携の完了後、Twitterで「いいね」をしてしばらくすると、そのツイートがOneNoteに保存されます。標準では、クイックノートがあるノートブック内に［Twitter］セクションが作成され、ツイートが新しいページとして追加されるので、実際の動作を確認してみましょう。スマートフォンのTwitterアプリで「いいね」した場合でも、もちろん動作します。保存するセクションなどの設定は、IFTTTの画面から変更可能です。

1 Twitterで気になるツイートの［いいね］をタップ

しばらくしてから同期すると、OneNoteに保存されたツイートを確認できる

ポイント

- IFTTTには、OneNoteに関連したレシピがほかにもあります。例えば、Googleカレンダーの予定をOneNoteに追加する「Google calendar to onenote」、Office 365の重要なメールを保存する「Save priority emails from Office 365 Mail as pages in OneNote」などです。自分好みのレシピを見つけて活用しましょう。

付録

アプリのインストールとEvernoteからの移行

OneNoteとOffice Lensをインストールする

Windows 7/8.1やMac、iPhone/iPad、AndroidでOneNoteを使うには、別途アプリをインストールしましょう。スマートフォンではワザ129（P.217）で解説しているカメラアプリのOffice Lensも活用できます。下記のURLまたはQRコードから、ダウンロードページやアプリストアにアクセスしてください。

● OneNote ### ● Office Lens

▼ パソコン向けのダウンロードページ
https://www.onenote.com/download

▼ App Store　　▼ Google Play　　▼ App Store　　▼ Google Play

Evernoteのデータをインポートする

OneNoteと似たデジタルノートアプリに「Evernote」（エバーノート）があります。これまでにEvernoteで作成したメモは、「OneNote Importer」を使って簡単に移行できます。移行方法はできるネットの解説記事を参考にしてください。

▼「OneNote Importer」の使い方と、移行したノートブックの確認方法
https://dekiru.net/onenoteimporter

できる | 235

🔍 索引

アルファベット

Clipper	107
Cortana	54
Evernote	235
Face ID	186
IFTTT	232
Microsoftアカウント	12, 24
Office 365	12, 24
Office Lens	217, 230
インストール	235
OneDrive	
アップロード	78
ノートブック	143, 178
ファイル	207
OneNote	10
インストール	235
OneNote Importer	235
OneNoteバッジ	210
Outlook	170, 216
PDF	82
エクスポート	164
挿入	76, 82
代替テキスト	68
テキスト変換	64
Sticky Notes	204
Touch ID	187
Twitter	232
Webノート	104
Web版	12, 172
Webページの保存	
Clipper	107
Webノート	104
共有メニュー	200

あ

アクセシビリティチェック	166

移動

セクション	146, 202
ノートコンテナー	34
ページ	146, 202
イマーシブリーダー	168
印刷	162
印刷イメージ	82
インストール	235
インデント	47, 188
ウィンドウの複製	145
上付き文字	50
オーディオ	100, 196
オプション	26

か

会議の詳細	170, 216
顔認証	186
箇条書き	45
下線	41, 189
画像	58, 194
Office Lens	217, 230
インターネット	62
代替テキスト	68
テキスト変換	64, 219
画面表示	21
環境設定	26
議事録	214
共有	174
共有権限	176
共有されたノートブックの編集	175
リンク	177
クイックノート	28
バッジ	210
蛍光ペン	49
手書き	88, 198
検索	158, 206
絞り込み	159

ノートシール	160
付箋	206

さ

最近使ったノート	161, 184
再生	
オーディオ	100, 196
ページ	167
サインイン	18, 180
複数アカウント	24
撮影	192
下付き文字	50
指紋認証	187
斜体	41, 189
出張	224
商談	222
書式	
クリア	53
コピー＆貼り付け	48
資料	
書き込み	226
共有	228
保管	230
数式	110, 112
ズーム	21
スクリーンショット	63
図形	92, 94
重なり順	96
スタートメニュー	18, 150
ステッカー	118
セクション	16, 182
移動	146, 202
色	131
セクショングループ	16, 133
セクション名	130
追加	129
並べ替え	132
複製	146, 202
ロック	134, 186
設定	26

全画面表示	93
挿入	
OneDriveへのアップロード	78
Webノート	104
Webへのリンク	103
印刷イメージ	82
画像	58, 194
記号	118
写真	192
スクリーンショット	63
図形	94
ステッカー	118
スペース	97
動画	66
ファイル	76, 207
ページへのリンク	148

た

ダークモード	27
代替テキスト	68
タイル	19, 150
タスク	154
タスクリスト	190
段落番号	46
中央揃え	52
手書き	84, 197
鉛筆	88
画像への書き込み	197, 226
蛍光ペン	88, 198
消しゴム	86, 198
削除	86
数式	112
図形	92
テキスト変換	90, 112
デジタルペン	199, 226
ペン	88, 197
テキスト変換	
PDF	64
画像	64, 219
手書き	90, 112

添付
OneDriveへのアップロード ——78
ファイル ——76, 207
テンプレート ——137
動画 ——66
同期 ——142, 185
取り消し線 ——51

な

ナビゲーションウィンドウ ——22, 28
ノートコンテナー ——17, 31
移動 ——34
結合 ——35
コピー＆貼り付け ——38
削除 ——33
選択 ——33, 40
幅の調整 ——37
分割 ——36
ノートシール ——152
検索 ——160
削除 ——153
作成 ——156
タスク ——154, 190
ノートブック ——16, 140
共有 ——174
削除 ——178
追加 ——138
閉じる ——144
ニックネーム ——143

は

パスワード ——134, 186
バッジ ——210
左揃え ——52
備品 ——220
表 ——69, 72
Excelからコピー ——74
並べ替え ——75
編集 ——70
ピン留め ——150

ファイル ——76, 207
OneDrive ——78
印刷イメージ ——82
保存 ——81
フォント ——42
付箋 ——204
太字 ——41, 188
ページ ——16, 182
移動 ——146, 202
色 ——126
罫線 ——127
再生 ——167
削除 ——121
サブページ ——16, 128
タイトル ——30
追加 ——32, 188
テキスト ——31
並べ替え ——120
復元 ——122, 124
複製 ——146, 202
ページへのリンク ——148
ページ幅を基準に表示 ——21
翻訳 ——116

ま

右揃え ——52
見出し ——44
名刺 ——217
メール ——56
モバイルアプリ ——13, 180

ら

リボン ——20
履歴 ——161, 184
リンク
Webページ ——103
ノートブックの共有 ——177
ページ ——148

■著者

株式会社インサイトイメージ 代表取締役
川添貴生（かわぞえ たかお）

株式会社アスキー（現・株式会社KADOKAWA）でWebメディアであるASCII.jpの編集長などを担当した後、2009年3月に独立。クラウドやネットワーク、セキュリティなどに関する解説記事の執筆、オウンドメディアのコンテンツ制作、マーケティングおよびリサーチ業務を行っている。著書に『できるポケット 時短の王道 ショートカットキー全事典 改訂版』『できる Office 365 Business/Enterprise対応 2019年度版』（インプレス）など。

STAFF

カバーデザイン	株式会社ドリームデザイン
本文フォーマット	株式会社ドリームデザイン
制作協力	町田有美・田中麻衣子
デザイン制作室	今津幸弘 <imazu@impress.co.jp>
	鈴木 薫 <suzu-kao@impress.co.jp>
制作担当デスク	柏倉真理子 <kasiwa-m@impress.co.jp>
編集	佐川莉央 <sagawa-r@impress.co.jp>
編集長	小渕隆和 <obuchi@impress.co.jp>

本書のご感想をぜひお寄せください
https://book.impress.co.jp/books/1119101038

読者登録サービス

アンケート回答者の中から、抽選で**商品券（1万円分）**や**図書カード（1,000円分）**などを毎月プレゼント。
当選は賞品の発送をもって代えさせていただきます。

本書は、OneNoteを使ったパソコンやスマートフォンの操作方法について、2019年8月時点での情報を掲載しています。紹介しているハードウェアやソフトウェア、サービスの使用法は用途の一例であり、すべての製品やサービスが本書の手順と同様に動作することを保証するものではありません。

本書の内容に関するご質問については、該当するページや質問の内容をインプレスブックスのお問い合わせフォームより入力してください。電話やFAXなどのご質問には対応しておりません。なお、インプレスブックス（https://book.impress.co.jp/）では、本書を含めインプレスの出版物に関するサポート情報などを提供しております。そちらもご覧ください。

本書発行後に仕様が変更されたハードウェア、ソフトウェア、サービスの内容などに関するご質問にはお答えできない場合があります。該当書籍の奥付に記載されている初版発行日から3年が経過した場合、もしくは該当書籍で紹介している製品やサービスについて提供会社によるサポートが終了した場合は、ご質問にお答えしかねる場合があります。また、以下のご質問にはお答えできませんのでご了承ください。
・書籍に掲載している手順以外のご質問
・ハードウェア、ソフトウェア、サービス自体の不具合に関するご質問

本書の利用によって生じる直接的または間接的被害について、著者ならびに弊社では一切の責任を負いかねます。あらかじめご了承ください。

■商品に関する問い合わせ先
インプレスブックスのお問い合わせフォームより入力してください。
https://book.impress.co.jp/info/
上記フォームがご利用いただけない場合のメールでの問い合わせ先
info@impress.co.jp

■落丁・乱丁本などの問い合わせ先
TEL　03-6837-5016　FAX　03-6837-5023
service@impress.co.jp
受付時間　10:00 ～ 12:00 ／ 13:00 ～ 17:30
　　　　　（土日・祝祭日を除く）
●古書店で購入されたものについてはお取り替えできません。

■書店／販売店の窓口
株式会社インプレス 受注センター
　TEL　048-449-8040　FAX　048-449-8041

株式会社インプレス 出版営業部
　TEL　03-6837-4635

できるポケット　最強のメモ術
OneNote全事典
OneNote for Windows 10 & iPhone/Android対応

2019年9月11日　初版発行
2020年7月1日　第1版第2刷発行

著　者　株式会社インサイトイメージ ＆ できるシリーズ編集部

発行人　小川 亨

編集人　高橋隆志

発行所　株式会社インプレス
　　　　〒101-0051　東京都千代田区神田神保町一丁目105番地
　　　　ホームページ　https://book.impress.co.jp/

本書は著作権法上の保護を受けています。
本書の一部あるいは全部について（ソフトウェア及びプログラムを含む）、
株式会社インプレスから文書による許諾を得ずに、
いかなる方法においても無断で複写、複製することは禁じられています。

Copyright © 2019 INSIGHT IMAGE Ltd. and Impress Corporation. All rights reserved.

印刷所　図書印刷株式会社
ISBN978-4-295-00735-7　C3055

Printed in Japan